江苏联合职业技术学院院本教材
经学院教材审定委员会审定通过

供配电技术项目化教程

主　编　夏春荣
参　编　吴玉琴　蔡永石　黄炜亮
主　审　范次猛

北京理工大学出版社
BEIJING INSTITUTE OF TECHNOLOGY PRESS

内 容 简 介

本书系统讲述了供配电系统的基本知识、基本计算方法以及运行管理方面的相关知识，反映供配电领域的新技术。

教材政治导向正确，以培养学生熟悉供配电基本常识，基本组成，工作原理，工厂变电、配电、用电知识；掌握供配电系统的操作与运行维护；熟练操作二次回路等，培养学生运用专业知识、专业方法和专业技能解决实际工程的技能。全书共 8 个项目，包括供配电系统安全标志识读、认识供配电系统、走近变电站、走进低压配电室、二次回路的识读与运行、供配电系统保护、供配电线路的敷设与选择、现代供电新技术等。

本书可作为高职高专院校电气工程、电气自动化、供用电技术、建筑电气、楼宇自动化等专业相关课程的教材，也可供从事供配电系统运行管理或其他相关行业的技术人员参考使用。

版权专有　侵权必究

图书在版编目（CIP）数据

供配电技术项目化教程 / 夏春荣主编. —北京：北京理工大学出版社，2021.6（2021.8 重印）
ISBN 978-7-5763-0028-4

Ⅰ. ①供…　Ⅱ. ①夏…　Ⅲ. ①供电系统-教材②配电系统-教材　Ⅳ. ①TM72

中国版本图书馆 CIP 数据核字（2021）第 136353 号

出版发行 /	北京理工大学出版社有限责任公司
社　　址 /	北京市海淀区中关村南大街 5 号
邮　　编 /	100081
电　　话 /	（010）68914775（总编室）
	（010）82562903（教材售后服务热线）
	（010）68944723（其他图书服务热线）
网　　址 /	http://www.bitpress.com.cn
经　　销 /	全国各地新华书店
印　　刷 /	三河市天利华印刷装订有限公司
开　　本 /	787 毫米×1092 毫米　1/16
印　　张 /	13
字　　数 /	288 千字
版　　次 /	2021 年 6 月第 1 版　2021 年 8 月第 3 次印刷
定　　价 /	39.00 元

责任编辑 / 张鑫星
文案编辑 / 张鑫星
责任校对 / 周瑞红
责任印制 / 施胜娟

江苏联合职业技术学院院本教材出版说明

江苏联合职业技术学院自成立以来，坚持以服务经济社会发展为宗旨、以促进就业为导向的职业教育办学方针，紧紧围绕江苏经济社会发展对高素质技术技能型人才的迫切需要，充分发挥"小学院、大学校"办学管理体制创新优势，依托学院教学指导委员会和专业协作委员会，积极推进校企合作、产教融合，积极探索五年制高职教育教学规律和高素质技术技能型人才成长规律，培养了一大批能够适应地方经济社会发展需要的高素质技术技能型人才，形成了颇具江苏特色的五年制高职教育人才培养模式，实现了五年制高职教育规模、结构、质量和效益的协调发展，为构建江苏现代职业教育体系、推进职业教育现代化做出了重要贡献。

面对新时代中国特色社会主义建设的宏伟蓝图，我国社会主要矛盾已经转化为人们日益增长的美好生活需要与发展不平衡不充分之间的矛盾，这就需要我们有更高水平、更高质量、更高效益的发展，实现更加平衡，更加充分的发展，才能全面建成社会主义现代化强国。五年制高职教育的发展必须服从、服务于国家发展战略，以不断满足人们对美好生活需要为追求目标，全面贯彻党的教育方针，全面深化教育改革，全面实施素质教育，全面落实立德树人根本任务，充分发挥五年制高职贯通培养的学制优势，建立和完善五年制高职教育课程体系，健全德能并修、工学结合的育人机制，着力培养学生的工匠精神、职业道德、职业技能和就业创业能力，创新教育教学方法和人才培养模式，完善人才培养质量监控评价制度，不断提升人才培养质量和水平，努力办好人民满意的五年制高职教育，为决胜全面建成小康社会，实现中华民族伟大复兴的中国梦贡献力量。

教材建设是人才培养工作的重要载体，也是深化教育教学改革，提高教学质量的重要基础。目前，五年制高职教育教材建设规划性不足、系统性不强、特色不明显等问题一直制约着内涵发展、创新发展和特色发展的空间。为切实加强学院教材建设与规范管理，不断提高学院教材建设与使用的专业化、规范化和科学化水平，学院成立了教材建设与管理工作领导小组和教材审定委员会，统筹领导、科学规划学院教材建设与管理工作。制订了《江苏联合职业技术学院教材建设与使用管理办法》和《关于院本教材开发若干问题的意见》，完善了教材建设与管理的规章制度；每年滚动修订《五年制高等职业教育教材征订目录》，统一组织五年制高职教育教材的征订、采购和配送；编制了学院"十三五"院本教材建设规划，组织18个专业和公共基础课程协作委员会推进院本教材开发，建立了一支院本教材开发、编写、审定队伍；创建了江苏五年制高职教育教材研发基地，与江苏凤凰职业教育图书有限公司、苏州大学出版社、北京理工大学出版社、南京大学出版社、上海交通大学出版社等签订了战略合作协议，协同开发独具五年制高职教育特色的院本教材。

今后一个时期，学院在推动教材建设和规范管理工作的基础上，将紧密结合五年制高职教育发展新形势，主动适应江苏地方社会经济发展和五年制高职教育改革创新的需要，以学院 18 个专业协作委员会和公共基础课程协作委员会为开发团队，以江苏五年制高职教育教材研发基地为开发平台，组织具有先进教学思想和学术造诣较高的骨干教师，依照学院院本教材建设规划，重点编写出版约 600 本有特色、能体现五年制高职教育教学改革成果的院本教材，努力形成具有江苏五年制高职教育特色的院本教材体系。同时，加强教材建设质量管理，树立精品意识，制订五年制高职教育教材评价标准，建立教材质量评价指标体系，开展教材评价评估工作，设立教材质量档案，加强教材质量跟踪，确保院本教材的先进性、科学性、人文性、适用性和特色性建设。学院教材审定委员会组织各专业协作委员会做好对各专业课程（含技能课程、实训课程、专业选修课程等）教材进行出版前的审定工作。

本套院本教材较好地吸收了江苏五年制高职教育最新理论和实践研究成果，符合五年制高职教育人才培养目标定位要求。教材内容深入浅出，难易适中，突出"五年贯通培养、系统设计"专业实践技能经验积累培养，重视启发学生思维和培养学生运用知识的能力。教材条理清楚，层次分明，结构严谨，图表美观、文字规范，是一套专门针对五年制高职教育人才培养的教材。

学院教材建设与管理工作领导小组

学院教材审定委员会

2017 年 11 月

序　言

为深入贯彻党的十九大精神和全国教育大会部署，落实党中央、国务院关于教材建设的决策部署，提升五年制高等职业教育电气自动化技术专业教学质量，深化江苏联合职业技术学院智能控制类专业群教学改革成果，并最大限度共享这一优秀成果，学院智能控制专业协作委员会特组织优秀教师及相关专家，全面、优质、高效地修订及新开发了本系列规划教材。

本系列教材所具特色如下：

➢ 教材培养目标、内容结构符合高等职业学校专业教学标准及学院专业标准中制定的各课程人才培养目标，符合最新颁发的相关国家职业技能标准及有关行业、企业职业技能鉴定规范。

➢ 体现产教深度融合。教材编写邀请行业企业技术人员、能工巧匠深度参与，确保理论知识和技能点的选取与国家职业技能标准，行业、企业职业技能鉴定规范和岗位要求紧密对接，紧跟产业发展趋势和行业人才需求，职业特点鲜明。

➢ 体现以能力为本位。教材删除与学生将来从事的工作相关度不大的纯理论性的教学内容以及繁冗的计算，以学生的"行动能力"为出发点组织教材内容，将基础理论知识教学与技能培养过程有机融合，有机融入专业精神、职业精神和工匠精神，强化学生职业素养养成和专业技术积累，并着重培养学生的专业核心技术综合应用能力、实践能力和创新能力。

➢ 体现"以学生为中心"、"教学做合一"的教学思想。在遵循职业教育国家教学标准的前提下，针对职业教育生源多样化特点，合理设计教学项目，注重分类施教、因材施教，可灵活适应项目式、案例式、模块化等不同教学方式的要求。

➢ 教材编写围绕深化教学改革和"互联网+职业教育"发展需求，对纸质材料编写、配套资源开发、信息技术应用进行了一体化设计，初步实现教材立体化呈现。

本系列教材在组织编写过程中，得到了江苏联合职业技术学院各位领导的大力支持与帮助，并在学院智能控制专业协作委员会全体成员的一直努力下，顺利完成出版。由于各参与编写作者及编审委员会专家时间相对仓促，加之行业技术更新较快，教材中难免有不当之处，也请广大读者予以批评指正，再次一并表示感谢！我们将不断完善与提升本系列教材的整体质量，使其更好地服务于学院智能控制类专业及全国其他高等职业院校相关专业的教育教学，为培养新时期下的高技能人才做出应有的贡献。

江苏联合职业技术学院智能控制协作委员会

2021.4

前　言

　　本书遵循"淡化理论，够用为度，培养技能，重在应用"的原则而编写的，在保证基本理论知识够用的前提下，注重新颖性、实践性和应用性。全书从工程应用和方便教学需要出发，把握学生的认识过程和接受能力的规律，按照电气自动技术专业核心课程"供配电技术"的课程标准，注重对学生综合能力、工程意识与实践能力、创新意识的培养，以期达到让学生通过学习，既掌握必要的知识点，又得到技能训练的目的。

　　供配电技术的许多问题是通过工程图纸来表述的。本书在内容讲述中配有大量与实际应用相关的原理图及接线图。本书系统讲述了供配电系统的基本知识、基本计算方法以及运行管理方面的相关知识，主要内容包括供配电安全常识学习、供配电系统认识、变电站、低压配电室运行、二次系统的安装调试、系统运行保护、现代供电新技术等。

　　教材由江苏联合职业技术学院无锡交通分院夏春荣副教授主编，编写了项目一、项目二、项目五及统稿；连云港工贸高等职业技术学校黄炜亮编写了项目三、项目四；南京工程高等职业技术学校蔡永石编写了项目六、项目八；江苏省无锡交通高等职业技术学校吴玉琴编写了项目七。本书由范次猛教授负责主审。在本书的编写过程中，无锡微研股份有限公司姚新飞技师等提供了大量的素材，提出了许多宝贵的意见和建议，在此深表感谢。限于编者水平，本书中一定存在不妥之处，希望广大读者批评指正。

　　本书可作为高职高专院校电气工程、电气自动化、供用电技术、建筑电气、楼宇自动化等专业相关课程的教材，也可供从事供配电系统运行管理或其他相关行业的技术人员参考使用。

编　者

目　录

项目一　常用供配电安全标志认识

项目背景

　　供配电工程中发电、供电、配电、用电同时进行，系统成网，高度自动化，因此必须特别注意电气安全。如果稍有麻痹或疏忽，就可能造成严重的人身触电（亦称电击）事故，导致系统断电、起火或爆炸，给国家和人民将带来极大的损失。供配电工作者必须加强电气安全教育，树立"安全第一"的观念。供配电要做到安全文明；无论动力、照明还是生活用电，必须做好安全用电。安全供用电必须从认识安全标志开始。熟练掌握安全常识和防雷保护技术，方能让供配电系统更好地造福人类。

学习目标

一、知识目标

1. 掌握电力系统安全标志的含义、作用以及表达的特定信息。
2. 熟悉常见消防安全和警示线标志。
3. 了解实用防雷保护技术。

二、能力目标

1. 能识读常用安全标志。
2. 认识消防安全和警示线标志。
3. 会根据不同的供电场所选用不同的避雷装置。

三、素质目标

1. 培养学生良好的团队协作意识。
2. 教育学生"安全第一"的工作理念。
3. 训练学生严肃认真的工作态度。

任务 1.1　认识安全标志

　　GB 2894—2016《安全标志》中对有关安全方面的禁止标志、警告标志等标识有着明确的规定，了解和认识这些标志对提醒人们注意不安全因素、防止事故发生会起到积极有效的作用。可能我们对这些标志有一定的认识，但不一定了解其真正的含义，也不了解做出怎样的行为才算符合标志、标识的要求。本任务就供配电安全生产过程中常见、常用的一些标志和标识进行识读学习，从而可以规范一些影响自身安全的行为。

　　安全标志的作用，主要在于引起人们对不安全因素的注意，预防事故发生，但不能代替安全操作规程和防护措施。安全标志必须含义简明、醒目易辨、引人注目，使人一看就知道它所表达的信息含义。

　　为防止供配电系统可能发生的人身伤害、设备损坏、人员误操作等，需要设置安全标志、安全警示线和安全提示标志。供配电作业人员以及相关工作者，必须熟悉这些标志。

　　国家规定的安全色有红、黄、蓝、绿四种颜色。红色表示禁止、停止，也表示防火；蓝色表示指令、必须遵守的规定；黄色表示警告、注意；绿色表示提示、安全状态、通行。

　　安全标志分为禁止标志、警告标志、指令标志和提示标志四类。安全标志由安全色、几何图形和图形符号构成，用以表达"禁止""警告""指令""提示"等特定的信息，引起人们对不安全因素的注意，预防发生事故。

　　1. 禁止标志

　　禁止标志的含义是禁止人们不安全行为，主要用来表示不准或制止人们的某些行为，如表 1–1 所示。其几何形状是带斜杠的圆环，斜杠与圆环相连用红色，背景用白色，图形符号用黑色。

表1-1　禁止标志

序号	禁止标志	含义	设置范围	设置地点
1	禁止合闸	禁止合闸	设备、设施安装，接线或检修作业，电气线路停车检修等	设置在相应的开关处
2	禁止启动	禁止启动	消防水或灭火机械的启动按钮，正在进行检修设备的启动按钮，各种紧急停车的启动按钮（如生产流水线的整体转动设备的安全装置，升降机的紧急停车）等	设置在设备按钮、开关或手柄上方及禁止人们触动的部位
3	禁止烟火	禁止烟火	根据 GB 50016—2014《建筑设计防火规范》火灾危险性分类的划分属乙、丙类物质的场所，如生产、储存、使用化学危险物质或易燃易爆物质的厂房、车间、仓库、装卸区；油漆、木制品、沥青、纺织、纸制品作业等车间；加油站、乙炔站、变配电站、油浸变压器室；油品作业的汽车修理、燃油燃气锅炉房等	设置在库、车间、易燃场所的内外，或设备、设施上（旁）
4	禁止攀登	禁止攀登	有坍塌危险的建筑和设备；已损坏和不牢固的登高设施；高压线铁塔；运行的变压器梯和有登高可能坠落的场所及无登高设施的地方	设置在攀登梯子的扶手处或护栏上，登高点的下方
5	禁止带火种	禁止带火种	根据 GB 50016—2014《建筑设计防火规范》火灾危险性分类的划分，仅属甲类物质的场所，如易燃易爆物质仓库、油库、电石库；氢气站、炼油厂、伐木场、林区、草场、煤矿井区；属于甲类火灾危险的生产场所及标有禁止火种的各种危险场所	设置在库、室入口处及防火距离之内

续表

序号	禁止标志	含义	设置范围	设置地点
6	禁止跨越	禁止跨越	冷热轧钢轨道运输线、物料皮带运输线和其他作业流水线可能跨越的地点；有沟、坑的地段，有地下池、槽的非跨越区；堆有热态铸件、锻件的场所；码头与靠岸船之间	设置在非跨越区或已发生跨越危险的地点；或设置在沟、坑的两端前面或附近
7	禁止跳下	禁止跳下	有槽池的场所，如水塔的水池、酸洗槽；盛装过有毒、易产生窒息气体的槽车、贮罐、地窖；有地坑的场所，如试验坑、铁水包坑、沙坑等；高处作业及用梯子检修的场所；地铁、车站站台等	设置在槽池、坑口附近和作业场所的脚手架通道处
8	禁止乘人	禁止乘人	室外运输吊篮，外操作载货电梯及升降机、基建施工工地吊货吊篮	设置在梯口、提升机入口或吊篮框架上
9	禁止戴手套	禁止戴手套	所有车床、钻床、铣床、磨床等旋转机床和旋转机械的作业场所	设置在操作人员易看到的醒目处
10	禁止开启无线移动通信设备	禁止开启无线移动通信设备	在火灾、爆炸场所以及可能产生电磁干扰的场所，如加油站、飞行中的航天器、油库、化工装置区等	设置在因电磁干扰可能产生火灾、爆炸场所的入口处，对电磁信号敏感场所的入口处

续表

序号	禁止标志	含义	设置范围	设置地点
11	禁止用水灭火	禁止用水灭火	根据 GB 12268—2012《危险货物品名表》规定，凡遇湿易燃品、比重小于 1 且不溶于水的易燃液体、氧化剂中的金属过氧化物、部分酸类腐蚀物品以及着火时禁止用水熄灭的物质及其储存和作业场所，如变配电所（室），变压器室，乙炔站，电石库，油库，化学药品库，钠、钾、镁等碱金属存放处，高温炉渣堆放处及精密仪器仪表、设备等	设置在场所的入口处或醒目处，库、室内外和设备区域内及作业区内
12	禁止触摸	禁止触摸	外露旋转体、裸露带电体，非紧急情况下不可使用的紧急按钮；有毒、有害物质进行深加工的场所，如酸洗、电镀专业；锻造、冶炼、浇注、热处理等车间的热件堆放处	设置在有毒、有害物质的堆放处，以及禁止触摸的器件旁

2. 警告标志

警告标志的含义是提醒人们对周围环境引起注意，以避免可能发生的危险，如表 1-2 所示。其几何形状是圆角的等边三角形，安全色是黄色，背景是黑色，图形符号是黑色。

表 1-2 警告标志

序号	警告标志	含义	设置范围	设置地点
1	注意安全	注意安全	凡易发生危险的地段、地区，如主要路口、道口、港口、码头、车辆频繁的拐弯处及事故多发地区（地段）、车辆行人较多的厂内道路；易发生危险的作业场所，如高处作业、试验场地、地铁施工、地下泵房、深挖坑井、抢修等；一个标志不能包括一个地点的多个危险因素或没有合适的标志针对此危险因素时，可使用此标志	设置在危险区域附近或主要入口
2	当心触电	当心触电	有可能导致触电危险的电气线路、电气设备，如变压器、高压开关、电气动力箱、手持电动工具等；外露易碰的带电设备和导线，机床配电箱处；基建施工工地临时电气线路及配电箱等	设置在箱、柜、开关及设备设施附近或场所入口处

续表

序号	警告标志	含义	设置范围	设置地点
3	当心烫伤	当心烫伤	熔融金属的吊运和浇注、熔化沥青、高压蒸汽、电焊气割、高温物料、冶炼操作场所、热处理车间，其他有热源的操作场所等	设置在作业区醒目处
4	当心表面高温	当心表面高温	有烧烫物体表面的场所	设置在作业场所的醒目处
5	当心电离辐射	当心电离辐射	使用 X 射线探伤、γ射线液位测量、探伤拍片等有电离辐射危害的作业场所	设置在作业场所内或门口
6	当心激光	当心激光	凡使用激光设备和激光仪器的作业场所	设置在作业场所内或门口
7	当心微波	当心微波	如利用微波进行金属热处理、介质热加工、辐射聚合、无损探伤、制作永久性发光涂料等作业场所	设置在设备上或岗位附近和其作业场所
8	当心紫外线辐射	当心紫外线辐射	使用紫外线消毒场所，染料、涂料固化场所，紫外线化学分析场所等	设置在作业场所内或门口

续表

序号	警告标志	含义	设置范围	设置地点
9	当心坑洞	当心坑洞	有坑洞的作业场所，如试验坑、吊装孔洞、预留孔洞、砂坑、新挖的坑、铁水浇包坑、小型电炉出钢渣槽、电缆沟进出线处，排水阴沟井、集水井	设置在坑洞周围
10	当心腐蚀	当心腐蚀	根据 GB 12268—2012《危险货物品名表》的划分类别，属腐蚀物质的生产、储存、运输的操作岗位及场所；热处理、电镀、化学实验室、烧碱强酸存放处、钢铁酸洗脱脂车间、毒品腐蚀品仓库和其他腐蚀性作业的场所	设置在库、室入口处及室内，或场所的醒目处
11	当心跌落	当心跌落	建筑工地脚手架、高层平台；有可能坠落的临时性高空作业，如爬高、架空管线的敷设检修、电梯修理、新开挖的孔洞等处；有可能坠落的地点，如地坑、陡坡、港口码头的危险区，船台、船坞、地面池、槽等	设置在工地、作业区入口和脚手架上或危险区附近
12	当心落物	当心落物	作业人员上方有落物危险的作业场所，如建筑工地脚手架下、开挖基坑土方、物料吊运、高空作业检修、高空运输物料、高处加料等场所的下方，立体交叉作业的下层及通道、电磁吸铁吊装的作业区	设置在危险区入口处
13	当心电缆	当心电缆	地下电缆抢修场所，电缆附近挖土，各种临时外接电源电缆线，大型机械安装试验时临时敷设电缆处等	设置在场所附近
14	当心吊物	当心吊物	施工工地运行中的高架吊车，使用起重设备的港口、码头、仓库、车间及其他吊装作业场所	设置在吊运、起重设备旁边或场所附近

序号	警告标志	含义	设置范围	设置地点
15	当心火灾	当心火灾	根据 GB 50016—2006《建筑设计防火规范》划为甲、乙、丙类物质的生产、使用、储存、运输、装卸，专业的火灾、火警等多发区的场所	设置在相应地点的醒目处
16	当心自动启动	当心自动启动	配有自动启动装置的设备	设置在相应地点的醒目处
17	当心磁场	当心磁场	有磁场的危险区域或场所，如高压变压器、电磁测量仪器附近等	设置在相应地点的醒目处
18	当心弧光	当心弧光	产生弧光的设备，弧光辐射区及产生弧光的作业场所，如氩弧焊、电焊、电弧炉、碳弧气刨	设置在作业处
19	当心裂变物质	当心裂变物质	属于 GB 12268—2012《危险货物品名表》中放射性物品的使用、储存，运输场所或盛装容器等	设置在一定防护区范围内

3. 指令标志

指令标志的含义是强制人们必须做出某些动作或采取防范措施。主要用来告诉人们必须遵守的意思，如表 1-3 所示。其几何形状是圆形，安全色是蓝色，背景是白色，图形符号是白色。

表1-3　指令标志

序号	指令标志	含义	设置范围	设置地点
1	必须接地	必须接地	需要有防雷、防静电的场所	设置在防雷、防静电设施的醒目处
2	机壳接地	机壳必须接大地	将设备的金属外壳与大地相连，防止用电设备出现故障时外壳带电，在人体触及金属外壳时保证人身安全	设置在电气设备的金属外壳
3	等电位	等电位	使不同的电气设备的漏电电位相同，避免电位差对人体的触电危害	设置在等电位体上
4	必须戴安全帽	必须戴安全帽	头部可能受外力伤害的作业，如建筑施工工地、起重吊运、指挥挂钩、坑井和其他地下作业、钢铁厂、石化厂、电力、造船以及有起重设备的车间、厂房等	设置在作业区入口处
5	必须系安全带	必须系安全带	有坠落危险的作业场所，如高处建筑、修理、安装等作业，船台、船坞、码头及一切2 m以上的高处作业场所	设置在登高脚手架扶梯旁

序号	指令标志	含义	设置范围	设置地点
6	必须戴防护眼镜	必须戴防护眼镜	对眼睛有伤害的作业场所，如抛光间、冶炼浇注、清砂混砂、气割、焊接、锻工、热处理、酸洗电镀、加料、出灰、电渣重熔、破碎、爆破等	设置在场所入口处或附近
7	必须戴防护手套	必须戴防护手套	接触毒品、腐蚀品、灼烫、冰冻及有触电危险的场所，如酸洗、电镀、油漆、热处理、焊接、操作高压开关的试验室（站）、变配电所（室）及使用电动工具和棱角快口件的搬运等作业	设置在作业场所附近或设备设施上
8	必须穿防护鞋	必须穿防护鞋	因酸洗、灼烫、触电、砸（刺）伤脚部的作业场所，如酸洗、电镀、水加工、水力清砂、水管敷设修理、污水废油处理站、乙炔站、变配电所（室）、试验站（室），冶炼、铸、锻场所，涂装、气割、焊接、电器安装及维修施工工地，机床切削、角料的生产、整理、清理及碎料废钢铁料场（仓库）等	设置在作业场所内外
9	必须穿防护服	必须穿防护服	具有放射、微波、高温及其他需要穿防护服的场所	设置在作业场所内外
10	必须拔出插头	必须拔出插头	设备检修、故障排除、长期停用的设备，无人值守状态下的电气设备	设置在设备电源开关的操作手柄上或电源插头上

续表

序号	指令标志	含义	设置范围	设置地点
11	 必须戴防护镜	必须戴防护镜	存在紫外线、红外线、激光等光辐射的场所，如电气焊等	设置在作业场所内外

4. 提示标志

提示标志的含义是向人们提供某些信息的图形符号，如标明安全设施或场所等，如表1-4所示。其几何形状是正方形或长方形，安全色是绿色，背景是白色，图形符号色是白色。

表 1-4　提示标志

序号	提示标志	含义	设置范围	设置地点
1		紧急出口	宾馆、医院、电影院、集体宿舍等人员密集的公共场所；电厂、大型地下电缆隧道、电梯检修孔；易燃易爆场所；高层居民楼等	设置在出入口、楼梯口、通道上及转弯处
2		可动火区	经消防、安监部门确认、划定的可动火区，以及进货区内经批准采取措施的临时动火场所	设置在动火区内
3		避险处	铁路桥、公路桥、矿井及隧道内躲避危险的地方	设置在避险处上方或两侧

任务检查

按表1-5对任务完成情况进行检查记录。

表 1-5　任务完成情况检查记录表

项目名称：　　　　　　　　　　　工作组名称：

姓名	任务	存在问题	解决办法	任务完成情况	检查人签字	备注

任务完成时间：　　　　　　　　　组长签字：

任务 1.2　识读消防安全和警示线标志

任务描述

图 1-1 所示为消防安全标志。

此标志为什么标志？含义是什么？其作用是什么？其设置范围一般有哪些？

图 1-1　消防安全标志

任务分析

识读消防安全和警示线标志是电力工作者的基本功。强化消防安全意识，学习普及消防安全知识显得尤为重要。为此，需要整理消防安全知识中的常见消防安全标志，通过训练，使同学们准确识别，增强消防安全意识，对供配电系统中消防安全知识和警示工作的重要性有新的认识。

知识学习

1. 消火栓箱

消火栓箱的标志如图 1-2 所示，其正面是一大块玻璃制成的门，上面标注有"消火栓"字样及火警电话、场内电话等信息。消火栓箱的侧面悬挂一粗钢筋制成的应急敲击小锤，在紧急情况下，可用小锤敲碎玻璃门进行消防作业。

2. 灭火器标志

灭火器标志如图 1-3 所示，灭火器标志牌一般悬挂或固定在灭火器、灭火箱的上方。灭火器的性能有多种，其适用范围也不同，应根据实际需要选择。

图1-2　消火栓箱的标志　　　　　图1-3　灭火器标志

3. 禁止阻塞线标志

禁止阻塞线标志的作用是提示禁止在相应的设备前面或上方停放物体，以免发生意外。禁止阻塞线采用 45°黄色与黑色相间的等宽条纹，如图 1-4 所示。

（a）　　　　　　　　　　　　　　　　　（b）

图1-4　禁止阻塞线标志

（a）禁止阻塞线标志；（b）应用实例

4. 安全警戒线

安全警戒线标志的作用是提醒工作场所内的工作人员，避免进入警戒区域内。安全警戒线采用一定宽度黄色实线，形成一封闭的区域，如图 1-5 所示。

图 1-5 安全警戒线标志

5. 固定防护遮栏

固定防护遮栏是高压设备附近、生产现场平台、人行通道、升降口、大小坑洞、楼梯等有坠落危险的场所设置的一种防止发生人员坠落事故的遮挡物。固定防护遮栏通常是一种有一定高度的栅栏，如图 1-6 所示。

图 1-6 固定防护遮栏

6. 安全帽

安全帽用于作业区域内作业人员的头部防护。任何进入生产现场的人员，必须正确佩戴安全帽。安全帽实行分色管理，红色为管理人员使用，黄色为一线工作人员使用，蓝色为辅助生产人员使用，白色为外来人员使用，如图 1-7 所示。

图 1-7 安全帽

任务检查

按表1-6对任务完成情况进行检查记录。

表1-6　任务完成情况检查记录表

项目名称：　　　　　　　　　工作组名称：

姓名	任务	存在问题	解决办法	任务完成情况	检查人签字	备注

任务完成时间：　　　　　　　　组长签字：

项目评价

参照表1-7进行本项目的评价与总结。

表1-7　项目考核评价表

考评方式	项目实施过程考评（满分100分）		
	知识技能素质达标考评（30分）	任务完成情况考评（50分）	总体评估（20分）
考评员	主讲教师	主讲教师	教师与组长
考评标准	根据学生实践表现，按学生考勤情况、项目拓展练习完成情况、课堂纪律表现等计分	根据学生的项目各任务完成效果，结合总结报告情况进行考评	根据项目实施的过程中学生的积极性、参与度与团队协作沟通能力等综合评价
考评成绩			
教师评语			
备注			

拓展练习

1. 在公共场所我们经常看到以下标志，这表示的是（　　）。

A. 禁止点火　　　B. 禁止吸烟　　　C. 禁止玩火　　　D. 禁止乱扔烟头

2. 以下标志表示的是（　　）。

A. 当心闪电　　　B. 当心转弯　　　C. 当心触电　　　D. 当心雷电

3. 下面的标志表示的是（　　）。

A. 注意安全　　　B. 欢迎光临　　　C. 此处有电　　　D. 小心滑倒

4. 下面禁止标志表示的是（　　）。

A. 禁止通行　　　B. 禁止靠近　　　C. 禁止行走　　　D. 禁止攀爬

项目二　认识供配电系统

项目背景

　　电能是一种便于输送、分配和清洁的二次能源，易于由其他能源产生，容易转换为其他的能源使用，便于测量、控制、管理、调度、实现自动化，是国民经济、社会生产和人民生活各个领域不可替代的能源。不同类型的发电厂输出电力，许多发电厂并联形成一个电力网。如果中断供电会造成人员伤亡、设备损坏、生产停顿、居民生活混乱。

　　供配电技术是研究如何安全可靠、经济合理、保质保量地保障工矿企业所需电能的供应和合理分配的问题。对从事电类专业的工程技术人员来说，供配电技术是一项必须具备的重要能力。通过供配电课程的学习使学生能综合运用所学知识，分析和解决工矿企业供电方面的技术问题；巩固和扩展学生的知识领域，培养学生严肃认真的科学态度，提高学生独立工作的能力。

学习目标

　　一、知识目标

　　1. 掌握电力系统的基本概念、组成和作用，电力系统中发电厂、电力网和用户之间的关系；了解供配电工作的基本要求。

　　2. 熟悉额定电压国家标准，三相交流电网电力设备额定电压。

　　3. 掌握电力系统中性点的运行方式，低压配电系统的接地方式。

　　二、能力目标

　　1. 对实际供电系统形成感性认识；能识读供配电系统简图。

　　2. 能计算线路及设备的额定电压。

　　3. 能为工厂供配电系统合理选择中性点运行方式。

　　三、素质目标

　　1. 培养学生具有集体观念和团队协作精神。

　　2. 教育学生树立安全第一的观念。

　　3. 训练学生养成良好的组织纪律性。

任务 2.1 认识电力系统

图 2-1 所示为某大型电力系统示意图。请通过识读该高低压供配电系统简图，总结出电力系统的组成；简要叙述新能源发电的工作原理；能够分析出哪一部分是工业企业供电系统。

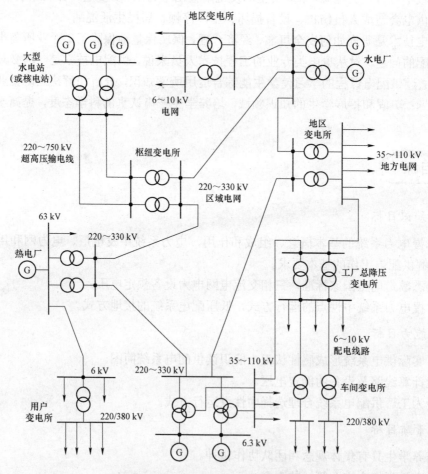

图 2-1 某大型电力系统示意图

任务分析

工厂供电系统既复杂又重要，其主要特点是供电范围广，负荷类型多而操作频繁，厂房环境（建筑物、管道、道路、高温及尘埃等）复杂，低压线路较长等。本任务主要是通过参观某火力发电厂，通过查阅资料、聆听讲解、观看视频等，熟悉中小型企业内部的电能供应、分配问题，掌握常见的中小型供电系统运行，维护所需要的基本理论和基本知识，从而认识工厂供配电系统的组成，明白为什么电能能够得到广泛的应用，电能是怎样输送和分配的，工厂供电的基本要求是什么。

知识学习

由各种电压的电力线路，将各种发电厂、电力网和电力用户联系起来的一个发电、输电、变电、配电和用电的整体称为电力系统，如图 2-2 所示。

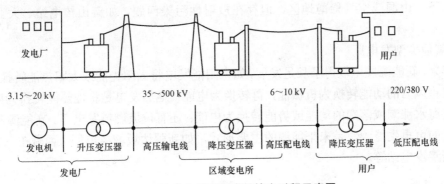

图 2-2 从发电厂到用户的输电过程示意图

2.1.1 电力系统的组成

1. 发电厂

在电力工业的初期，电能是直接由电力用户附近的发电站（或称发电厂）生产的，各发电厂孤立运行。随着工农业生产和城市的发展，电能的需求量迅速增加，而热能资源（如煤田）和水能资源丰富的地区往往远离电能使用集中的工矿企业和城市，为了解决这个矛盾，就需要在动力资源丰富的地区建立大型的发电厂，然后将电能输送到距离遥远的电能用户。

发电厂是将自然界蕴藏的各种一次能源如水力、煤炭、石油、天然气、风力、地热、太阳能和核能等，转换为电能（二次能源）的工厂，主要任务是生产电能。

1）火力发电厂

火力发电厂是将燃料的化学能先转换为热能，热能转换为机械能，机械能再转换为电能。其燃料有煤炭、石油、天然气等，火力发电厂是我国目前最主要的电源，比例大于 75%。火力发电存在的问题主要有采矿和运输中的安全性、灾难等安全问题，酸雨、温室效应、可吸入颗粒物等环境问题。另外，凝汽式火电厂效率为40%，热电厂效率为60%~70%，即效率相对较低。今后火电建设的重点是采用高参数、大容量、高效率的设备；开发清洁煤燃烧发电、天然气蒸汽联合循环发电；鼓励热电联产；加强煤炭基地的矿口电厂建设，如江苏谏壁发电厂、浙江北仑发电厂、张家口发电总厂等。

2）水力发电厂

水力发电厂简称水电厂，是将水的位能转换为机械能，再转换为电能。水电厂是我国最重要的电源之一，比例大于10%，分为堤坝式、引水式和抽水蓄能电站等。水力发电是最干净、最廉价的能源之一，发电成本低，不产生污染、运行维护简单，同时还兼有防洪、灌溉、航运、水产养殖等综合效益；但投资大，工期长，如葛洲坝水电站、长江三峡水电站、广州抽水蓄能电站等。

3）原子能发电厂

原子能发电厂又称核电厂，是将核燃料裂变产生的热能转换为机械能，再转换为电能。核电厂也是我国目前最重要的电源之一，比例大于10%。核电厂的组成有核反应堆、汽轮机、电力系统。核能发电节省了大量煤炭、石油等燃料，避免燃料运输；不需空气助燃，可建在地下、水下、山洞或空气稀薄地区，但存在放射性污染问题，如秦山核电站、大亚湾核电站等。

4）其他类型发电厂

近年来，新能源发电取得了长足发展，如太阳能发电将太阳光能或太阳热能转换为电能；风力发电将风力的动能转换为机械能，再转换为电能；地热发电是将地热能转换为电能；潮汐发电将海水涨潮或落潮的动能或势能转换为电能；还有垃圾燃料发电等。新能源都属于清洁、廉价的可再生能源，是未来能源的主要形式，如新疆达坂城风电厂、西藏羊八井电厂、法国朗斯潮汐电站等。

2. 电力网

电力网简称"电网"，由变配电所和各种不同电压等级的电力线路组成。它的任务是将发电厂生产的电能输送、变换和分配到电力用户。电力线路的任务是输送电能，并把发电厂、变配电所和电力用户连接起来。

变配电所是变换电压和接收分配电能的场所。变电所分为升压变电所、降压变电所。降压变电所分为区域变电所、地区变电所和工业企业变电所。配电所（也称开闭所）只接收和分配电能，不变换电压。

区域变电所：电压等级高，变压器容量大，进出线回路数多，由大电网供电，高压侧电压330~750 kV，全所停电后，将引起整个系统解列甚至瓦解。

地区变电所：由发电厂或区域变电所供电，高压侧电压110~220 kV，全所停电后，将使该地区中断供电。

工业企业变电所：是电网的末端变电所，主要由地区变电所供电，其高压侧为35~110 kV，全所停电后，将使用户中断供电。

习惯上，电网或系统往往按电压等级来划分，例如，我们所说的10 kV电网或10 kV系统，实指10 kV的整个线路。

供配电系统是电力系统的电力用户，由总降压变电所（或高压配电所）、配电线路、车间变电所和用电设备等组成。总降压变电所将 35～110 kV 的供电电压变换为 6～10 kV 的高压配电电压；高压配电所集中接收 6～10 kV 电压，再分配到附近各车间变电所和高压用电设备；配电线路分为厂区高压配电线路和车间低压配电线路；车间变电所将 6～10 kV 的电压降为 380/220 V。

（1）具有高压配电所的供配电系统。

工厂从公共电网取得电源，电能先经高压配电所（HDS）集中，再由高压配电线路将电能分配到各车间变电所（STS），经车间变电所将高压电能转换为用电设备所需要的低压电能（如 220/380 V），如图 2-3 所示。

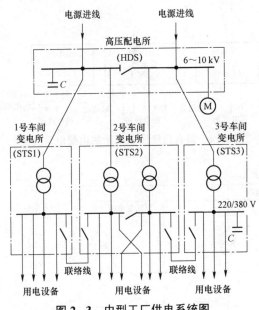

图 2-3　中型工厂供电系统图

（2）具有总降压变电所的供配电系统。

对于大型工厂及某些电源进线电压为 35 kV 及以上的中型工厂，一般经两次降压，即电源进厂以后，先经总降压变电所（HSS）降压，然后通过高压配电线将电能送到各个车间变电所，也有的经高压配电所再送到车间变电所，最后经配电变压器降为一般低压用电设备所需的电压，如图 2-4 所示。

（3）高压深入负荷中心的企业供配电系统。

有的 35 kV 进线的工厂只经一次降压，即 35 kV 线路直接引入靠近负荷中心的车间变电所，经车间变电所的配电变压器直接降为低压用电设备所需的电压。这样可以省去一级中间变压，从而简化供电系统的接线，降低电压损耗和电能损失，节约有色金属，提高供电质量。但这种供电方式要求厂区必须有能满足这种条件的"安全走廊"，否则不宜采用，以确保安全，如图 2-5 所示。

（4）只有一个变电所或配电所的企业供配电系统。

对于小型工厂，由于其容量一般不大于 1 000 kV·A，也没有重要负荷，因此通常只设一个降压变电所，将6～10 kV降为低压用电设备所需的220/380 V电压，如图2-6所示。

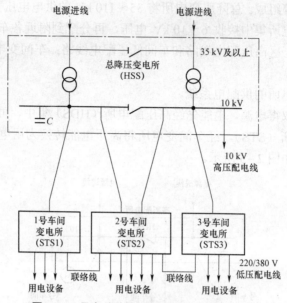

图2-4 具有总降压变电所的供配电系统图

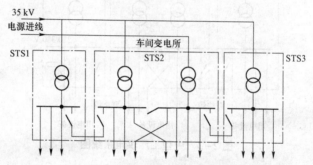

图2-5 高压深入负荷中心的企业供配电系统图

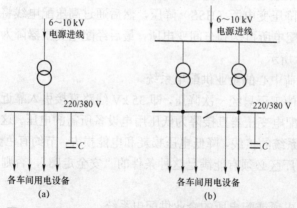

图2-6 只有一个变电所或配电所的企业供配电系统图
（a）装有一台主变压器；（b）装有两台主变压器

3．电力用户

电力用户又称电力负荷，指所有消耗电能的用电设备或用电单位。根据电力负荷对供电的可靠性、连续性的要求及中断供电造成的经济损失、政治影响和程度，可以把电力负荷分为以下三级。

1）一级负荷

一级负荷为最重要的负荷，一旦中断供电将会造成重大人身伤亡或带来政治、经济上的重大损失和影响，比如造成大批人员伤亡、主要设备遭受损坏且长期难以修复，或对国民经济带来巨大损失。因此要求必须由两个互相独立的双电源供电，当其中一路电源发生故障时，则由另一路电源提供电源。如炼钢厂、石油提炼厂、矿井和大型医院等都属于一级负荷用户。

2）二级负荷

因中断供电在政治、经济上带来较大损失者为二级负荷。比如会造成大量产品（或工件）报废，或导致复杂的生产过程出现长期混乱，或因处理不当而发生人身和设备事故，或致使生产上遭受重大损失。二级负荷的重要性仅次于一级负荷，它也属于重要负荷，必须由双回路电源供电，其中任一回路发生故障时，都不至于中断对二级负荷的供电，或中断后能迅速恢复供电。如抗生素制造厂、水泥厂大窑和化纤厂等都属于二级负荷用户。

3）三级负荷

因中断供电不会带来经济损失和政治影响，不在上述一、二级负荷范围内的电力负荷均视为三级负荷。三级负荷属于不重要负荷，中断供电不会造成重大经济损失和不良政治影响，因此对供电电源无特殊要求。

工厂的用电设备，按其工作制有长期连续工作制、短时工作制和反复短时周期工作制（断续周期工作制）三类。长期连续工作制的设备长期连续运行，负荷比较稳定且运行时间较长。短时工作制的设备工作时间短，而间歇时间相当长。反复短时周期工作制设备反复周期性地时而工作，时而停歇，一个周期不超过 10 min，无论是工作时还是停歇时，设备均不会达到热平衡。

2.1.2 供配电工作的基本要求

为了更好地为国民经济服务，切实保证工矿企业生产和群众生活用电的需求，供配电工作需要切实搞好安全用电、节约用电和计划用电（俗称"三电"），必须满足以下基本要求：

（1）安全，在电能的供应、分配和使用中，不应发生人身事故和设备事故。

（2）可靠，应满足电能用户对供电可靠性即连续供电的要求。

（3）优质，应满足电能用户对电压质量和频率质量等方面的要求。

（4）经济，应使供电系统的投资少，运行费用低，并尽可能地节约电能和减少有色金属消耗量。

任务检查

按表 2-1 对任务完成情况进行检查记录。

表 2-1 任务完成情况检查记录表

项目名称：　　　　　　　　　　　工作组名称：

姓名	任务	存在问题	解决办法	任务完成情况	检查人签字	备注

任务完成时间：　　　　　　　　　　组长签字：

任务 2.2　电压等级选择

任务要求

请根据图 2-7 所示变压器 T1、线路 WL2 和 WL4 的额定电压，确定发电机 G、变压器 T2 和 T3、线路 WL1 和 WL3 的额定电压，写出简明的计算过程。

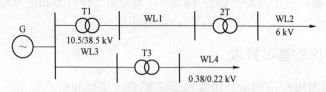

图 2-7　某电力供电线路简图

任务分析

为了使电力设备的生产实现标准化、系列化，为了各元件合理配套，电力系统中发电机、变压器、电力线路及各种设备等，都是按规定的额定电压进行设计和制造的。为了保证用电设备在最佳状态下运行，工厂供电电压应进行合理的选择。电类专业工作者需要了解额定电压国家标准、三相交流电网电力设备额定电压、供电质量，会运用交流电网及其电力设备额定电压。

知识学习

所谓额定电压，就是电力系统、电力设备规定的正常运行时具有最大经济效益时的电压，即与电力系统及电力设备某些运行特性有关的标称电压。根据用电设备和供电设备的额定电压，国家规定了交流电力网和电力设备的额定电压等级，为在全国范围内形成一个标准统一、功能完美的综合电力系统网络奠定了基础，有利于电器制造业的生产标准化和系列化，有利于设计的标准化和选型，有利于电器的互相连接和更换，方便了电气设备的维修维护。

2.2.1 供电电网和电力设备的额定电压

1. 电网的额定电压

电力线路（或电网）的额定电压等级是国家根据国民经济发展的需要及电力工业的水平，经全面技术经济分析后确定的。它是确定各类用电设备额定电压的基本依据。我国三相交流电网和电力设备额定电压及电压调整律都有国家标准。GB 156—2007《标准电压》规定的三相交流电力网和用电设备的额定电压见表 2-2。

表 2-2　我国标准规定的三相交流电力网和用电设备的额定电压　　　　　　　　kV

分类	电力网和用电设备额定电压	发电机额定电压	电力变压器额定电压	
			一次绕组	二次绕组
低压	0.22	0.23	0.22	0.23
	0.38	0.40	0.38	0.40
	0.66	0.69	0.66	0.69
高压	3	3.15	3 及 3.15	3.15 及 3.3
	6	6.3	6 及 6.3	6.3 及 6.6
	10	10.5	10 及 10.5	10.5 及 11
	—	13.8、15.75、18、20	13.8、15.75、18、20	—
	35	—	35	38.5
	60	—	60	66
	110	—	110	121
	220	—	220	242
	330	—	330	363
	500	—	500	550
	750	—	750	825（800）

2. 用电设备的额定电压

由于用电设备运行时，电力线路上要有负荷电流流过，因而在电力线路上引起电压损耗，造成电力线路上各点电压略有不同。但成批生产的用电设备，其额定电压不可能按使用地点的实际电压来制造，而只能按线路首端与末端的平均电压即电力线路的额定电压来制造。所以用电设备的额定电压规定与同级电力线路的额定电压相同。

我国现阶段各电力设备的额定电压分三类：第一类额定电压为 100 V 以下，这类电压主要用于安全照明、蓄电池及开关设备的操作电源，交流 36 V 电压只作为潮湿环境的局部照明及特殊电力负荷之用；第二类额定电压高于 100 V，低于 1 000 V，这类电压主要用于低压三相电动机及照明设备；第三类额定电压高于 1 000 V，这类电压主要用于发电机、变压器、输配电线路及设备。

3. 发电机的额定电压

由于电力线路允许的电压损耗为 ±5%，即整个线路允许有 10% 的电压损耗，因此为了维持线路首端与末端平均电压的额定值，线路首端（电源端）电压应比线路额定电压高 5%，而发电机是接在线路首端的，所以规定发电机的额定电压高于同级线路额定电压 5%，用以补偿线路上的电压损耗。用电设备和发电机的额定电压说明如图 2-8 所示。

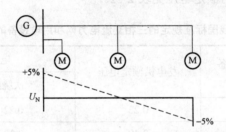

图 2-8　用电设备和发电机的额定电压说明

4. 电力变压器的额定电压

1）变压器一次绕组的额定电压

（1）当电力变压器直接与发电机相连，如图 2-9 中的变压器 T1，则其一次绕组的额定电压应与发电机额定电压相同。

（2）当变压器不与发电机相连，而是连接在线路上，如图 2-9 中的变压器 T2，则可将变压器看作线路上的用电设备，因此其一次绕组的额定电压应与线路额定电压相同。

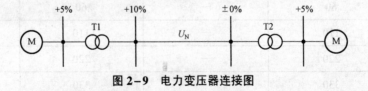

图 2-9　电力变压器连接图

2）变压器二次绕组的额定电压

变压器二次绕组的额定电压，是指变压器一次绕组接上额定电压而二次绕组开路时的电压，即空载电压。而变压器在满载运行时，二次绕组内约有 5% 的阻抗电压降。因此分两种情况讨论：

（1）如果变压器二次侧供电线路很长（例如较大容量的高压线路），则变压器二次绕组额定电压，一方面要考虑补偿变压器二次绕组本身 5% 的阻抗电压降，另一方面还要考虑变压器满载时输出的二次电压要满足线路首端应高于线路额定电压的 5%，以补偿线路上的电压损耗。所以，变压器二次绕组的额定电压要比线路额定电压高 10%，如图 2-9 中变压器 T1。

（2）如果变压器二次侧供电线路不长（例如为低压线路或直接供电给高、低压用电设备的线路），则变压器二次绕组的额定电压只需高于其所接线路额定电压的 5%，即仅考虑补偿变压器内部 5% 的阻抗电压降，如图 2-9 中变压器 T2。

电力变压器各部分电压如表 2-3 所示。

表 2-3　电力变压器各部分电压

一次绕组		二次绕组	
与发电机直接相连	比同级电网额定电压高 5%	供电线路较长（高压电网）	比同级电网额定电压高 10%
不与发电机直接相连	与同级电网额定电压相同	供电线路不太长（低压电网等）	比同级电网额定电压高 5%

2.2.2　各级电压等级的适用范围

我国电力系统中，220 kV 以上的电压等级主要用于大型电力系统的主干线；110 kV 电压既用于中小型电力系统的主干线，也用于大型电力系统的二次网络；35 kV 多用于中小型城市或大型企业的内部供电网络，也广泛用于农村电网。

一般企业内部多采用 6～10 kV 的高压配电电压，且 10 kV 电压用得较多。当企业 6 kV 设备数量较多时，才会考虑采用 6 kV 作为配电电压。220/380 V 电压等主要作为企业的低压配电电压。

任务检查

按表 2-4 对任务完成情况进行检查记录。

表 2-4　任务完成情况检查记录表

项目名称：　　　　　　　　　　工作组名称：

姓名	任务	存在问题	解决办法	任务完成情况	检查人签字	备注

任务完成时间：　　　　　　　　　组长签字：

任务 2.3 电力系统中性点连接

任务要求

参观某中小型工厂变配电所，了解工厂变配电所结构及布置，了解该所供配电系统的中性点运行方式，形成初步感性认识，积累综合作业经验。认真聆听电气工程师或电工班长的讲解介绍，结合自己所学专业理论知识加以分析判断。参观时注意，一定要服从指挥，安全第一；未经许可不得进入禁区，更不许随意触摸、调节各种设备，以防发生意外。

任务分析

电力系统的中性点运行方式，是一个涉及面很广的问题。它对于供电可靠性、过电压、绝缘配合、短路电流、继电保护、系统稳定性以及对弱电系统的干扰等诸多方面都有不同的影响，特别是在系统发生单相接地故障时，有明显的影响。因此，电力系统的中性点运行方式，应根据国家的有关规定并根据实际情况确定。

知识学习

电力系统中性点是指发电机、变压器星形接线中性点。

2.3.1 电力系统中性点运行方式

电力系统中性点运行方式共两种，一是小电流接地系统，包括中性点不接地和中性点经阻抗接地两种形式；二是大电流接地系统，包括中性点经低电阻接地和中性点直接接地两种形式。

1. 中性点直接接地的电力系统

这种系统的单相接地，即通过接地中性点形成单相短路，单相短路电流比线路的正常负荷电流大许多倍。因此，在系统发生单相短路时保护装置应动作于跳闸，切除短路故障，使系统的其他部分恢复正常运行。目前我国 110 kV 以上电力网均采用中性点直接接地方式，如图 2-10（a）所示。

2. 中性点不接地的电力系统

中性点不接地的运行方式，即电力系统的中性点不与大地相接。我国 3～66 kV 系统，特别是 3～10 kV 系统，一般采用中性点不接地的运行方式。中性点不接地系统一般都装有单相接地保护装置或绝缘监测装置，在系统发生接地故障时会及时发出报警，提醒工作人员尽快排除故障；同时，在可能的情况下，应把负荷转移到备用线路上去，如图 2-10（b）所示。

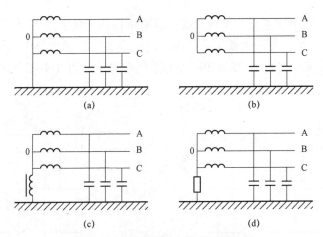

图2-10 电力系统中性点运行方式
（a）中性点直接接地；（b）中性点不接地；（c）中性点经消弧线圈接地；（d）中性点经阻抗接地

3. 中性点经消弧线圈接地的电力系统

在中性点不接地系统中，当单相接地电流超过规定数值时（3～10 kV 系统中，接地电流大于30 A，20 kV 及以上系统中接地电流大于10 A），将产生断续电弧，从而在线路上引起危险的过电压，因此须采用经消弧线圈接地的措施来减小这一接地电流，熄灭电弧，避免过电压的产生，如图2-10（c）所示。

4. 中性点经阻抗接地的电力系统

现代化大、中型城市在电网改造中大量采用电缆线路，致使接地电容电流增大。因此，即使采用中性点经消弧线圈接地的方式也无法完全在发生接地故障时熄灭电弧；而间歇性电弧及谐振引起的过电压会损坏供配电设备和线路，从而导致供电的中断，如图2-10（d）所示。

为了解决上述问题，我国一些大城市的10 kV 系统采用了中性点经低电阻接地的方式。它接近于中性点直接接地的运行方式，在系统发生单相接地时，保护装置会迅速动作，切除故障线路，通过备用电源的自动投入，使系统的其他部分恢复正常运行。

2.3.2 低压配电系统中性点连接和接地方式

中性点直接接地方式中，从中性点引出的线称为中性线，用字母N表示。中性线（N线）的作用，一是用来连接相电压为220 V 的单相用电设备；二是用来传导三相系统中的不平衡电流和单相电流；三是减少负载中性点的电压偏移。

保护线（PE 线）的作用是保障人身安全，防止触电事故发生。在 TN 系统中，当用电设备发生单相接地故障时，就形成单相短路，使线路过电流保护装置动作，迅速切除故障部分，从而防止人身触电。

保护中性线（PEN 线）兼有中性线和保护线的功能，在我国俗称为零线或地线。

低压配电系统按电气设备的外露可导电部分保护接地的形式有：

1. TN 系统

所谓 TN 系统，即中性点直接接地系统，且有中性线（N 线）引出。"TN"中"T"表示中性点直接接地，"N"表示该低压系统内的用电设备的外露可导电部分直接与电源系统接地点相连。TN 系统可因其 N 线和 PE 线的不同形式，分为 TN-C 系统、TN-S 系统和 TN-C-S 系统，如图 2-11 所示。

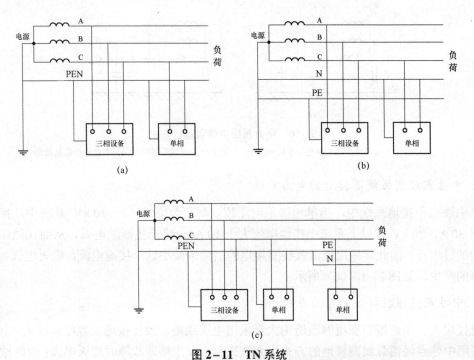

图 2-11 TN 系统

（a）TN-C 系统；（b）TN-S 系统；（c）TN-C-S 系统

TN-C 系统，N 线和 PE 线合用一根导线，即保护中性线 PEN，如图 2-11（a）所示。

TN-S 系统，N 线和 PE 线是分开的，如图 2-11（b）所示。

TN-C-S 系统，系统前部为 TN-C 系统，后部为 TN-S 系统，如图 2-11（c）所示。

2. TT 系统

所谓 TT 系统，也是中性点直接接地系统，且有中性线（N 线）引出，如图 2-12 所示。"TT"中第一个"T"仍表示中性点直接接地，第二个"T"表示该低压系统内的用电设备的外露可导电部分不直接与电源系统接地点相连，而采取用电设备经各自的 PE 线就近接地的保护方式。

3. IT 系统

所谓 IT 系统，是中性点非直接接地系统，如图 2-13 所示。"IT"中"I"表示中性点不直接接地，"T"表示该低压系统内的用电设备的外露可导电部分不直接与电源系统接地点相连，而采取用电设备经各自的 PE 线就近接地的保护方式。

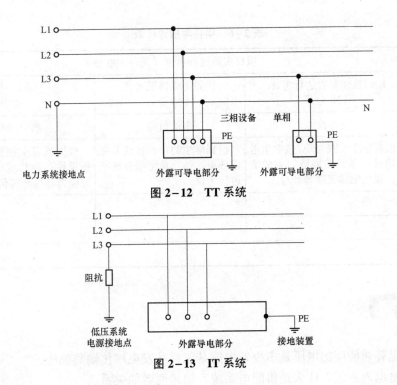

图 2-12　TT 系统

图 2-13　IT 系统

任务检查

按表 2-5 对任务完成情况进行检查记录。

表 2-5　任务完成情况检查记录表

项目名称：　　　　　　　　　　工作组名称：

姓名	任务	存在问题	解决办法	任务完成情况	检查人签字	备注

任务完成时间：　　　　　　　　　　组长签字：

项目评价

参照表 2-6 进行本项目的评价与总结。

表 2-6 项目考核评价表

考评方式	项目实施过程考评（满分 100 分）		
	知识技能素质达标考评 （30 分）	任务完成情况考评 （50 分）	总体评估 （20 分）
考评员	主讲教师	主讲教师	教师与组长
考评标准	根据学生实践表现，按学生考勤情况、项目拓展练习完成情况、课堂纪律表现等计分	根据学生的项目各任务完成效果，结合总结报告情况进行考评	根据项目实施过程中学生的积极性、参与度与团队协作沟通能力等综合评价
考评成绩			
教师评语			
备注			

拓展练习

1. 教室里普通插座的电压是多少？电能是怎样从发电厂传输到插座的？

2. 什么是电力系统？什么是供配电系统？简述两者的关系。

3. 我国规定的电网电压等级有哪些？规定这些电压等级有何依据和意义？

4. 确定图 2-14 所示发电机和变压器的额定电压，并填写在表 2-7 中。

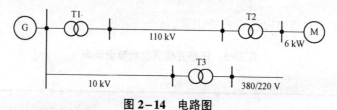

图 2-14 电路图

表 2-7 发电机和变压器的额定电压

发电机	变压器 T1		变压器 T2		变压器 T3	
	一次侧	二次侧	一次侧	二次侧	一次侧	二次侧

5. 电力系统的中性点有何含义？简述常见中性点的各种运行方式及其适用场合。

项目三　走近变电站

项目背景

变电站是改变电压的场所。为了把发电厂发出来的电能输送到较远的地方，必须把电压升高变为高压电，到用户附近再按需要把电压降低，这种升降电压的工作靠变电站来完成。变电站的主要设备是开关和变压器，按规模大小不同，称为变电所、配电室等。变电站是把一些设备组装起来，学生学习此项目，为今后从事变电站（所）方面的工作奠定基础。

学习目标

一、知识目标

1. 熟悉电力变压器的基本结构及运行方式。
2. 了解高压开关柜的组成。
3. 掌握高压开关电器及其特性。

二、能力目标

1. 对实际供电系统形成感性认识。
2. 能识读供配电系统简图。

三、情感目标

1. 养成积极思考、主动学习的习惯。
2. 培养规范、安全和质量意识。
3. 具有良好的团队合作精神。

任务 3.1 电力变压器的认识与选择

任务描述

图 3-1 所示为电力变压器示意图。了解电力变压器在电力系统中的地位和作用，掌握电力变压器的类型和基本结构；正确分析电力变压器型号含义和参数特征；理解电力变压器的运行方式；了解电力变压器的选择方法。

任务分析

本任务的主要目的是熟悉电力变压器的常见分类、主要部件、维护所需要的基本理论和基本知识。通过网络、图书馆查询等形式，认识工厂供配电系统的组成，明白为什么电能能够得到广泛的应用？电能怎样输送和分配的？工厂供电的基本要求是什么？

图 3-1 电力变压器示意图

知识学习

3.1.1 认识电力变压器

1. 变压器定义及简介

电力变压器是一种静止的电气设备，用来将某一数值的交流电压（电流）变成频率相同的另一种或几种数值不同的电压（电流）的设备。当一次绕组通以交流电时，就产生交变的磁通，交变的磁通通过铁芯导磁作用，就在二次绕组中感应出交流电动势。二次感应电动势的高低与一二次绕组匝数的多少有关，即电压大小与匝数成正比。其主要作用是传输电能，因此，额定容量是它的主要参数。额定容量是一个表现功率的惯用值，它是表征传输电能的大小，以 kV·A 或 MV·A 表示，当对变压器施加额定电压时，根据它来确定在规定条件下不超过温升限值的额定电流。较为节能的电力变压器是非晶合金铁芯配电变压器，其最大优点是空载损耗值特别低。最终能否确保空载损耗值，是整个设计过程中所要考虑的核心问题。当在产品结构布置时，除要考虑非晶合金铁芯本身不受外力的作用外，同时在计算时还须精确合理地选取非晶合金的特性参数。

变压器是用来变换交流电压、电流而传输交流电能的一种静止的电气设备，它是根据电磁感应的原理实现电能传递的。变压器就其用途可分为电力变压器、试验变压器、仪用变压器及特殊用途的变压器：电力变压器是电力输配电、电力用户配电的必要设备；试验变压器是对电气设备进行耐压（升压）试验的设备；仪用变压器作为配电系统的电气测量、继电保护之用（PT、CT）；特殊用途的变压器有冶炼用电炉变压器、电焊变压器、电解用整流变压器、小型调压变压器等。

2. 三相油浸式电力变压器

三相油浸式电力变压器外形结构如图 3-2 所示。

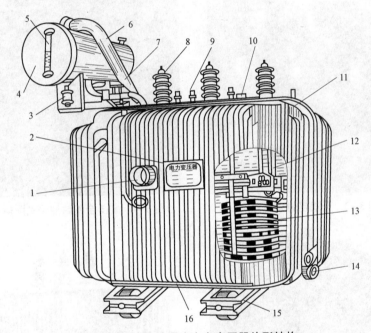

图 3-2 三相油浸式电力变压器外形结构

1—信号式温度计；2—铭牌；3—吸湿器；4—储油柜；5—油标；6—防爆管；
7—气体继电器；8—高压套管；9—低压套管；10—分接开关；
11—油箱及散热油管；12—铁芯；13—绕组及绝缘；
14—放油阀；15—小车；16—接地端子

3. 分类

电力变压器按用途分为升压变压器（发电厂 6.3/10.5 kV 或 10.5/110 kV 等）、联络变压器（变电站间用 220/110 kV 或 110/10.5 kV）、降压变压器（配电用 35/0.4 kV 或 10.5/0.4 kV）。

电力变压器按相数分为单相、三相变压器。

电力变压器按绕组分为双绕组变压器（每相装在同一铁芯上，原、副绕组分开绕制、相互绝缘），三绕组变压器（每相有三个绕组，原、副绕组分开绕制、相互绝缘），自耦变压器（一套绕组中间抽头作为一次或二次输出）。三绕组变压器要求一次绕组的容量大于或等于

二、三次绕组的容量。三绕组容量的百分比按高压、中压、低压顺序有 100/100/100、100/50/100、100/100/50，要求二、三次绕组均不能满载运行。一般三次绕组电压较低，多用于近区供电或接补偿设备，用于连接三个电压等级。自耦变压器有升压或降压两种，因其损耗小、质量轻、使用经济，为此在超高压电网中应用较多。小型自耦变压器常用的型号为 400/36 V（24 V），用于安全照明等设备供电。

电力变压器按绝缘介质分为油浸式变压器（阻燃型、非阻燃型），干式变压器，110 kV SF$_6$ 气体绝缘变压器等，如图 3-3～图 3-6 所示。

图 3-3　干式电力变压器

图 3-4　S11 全密封油浸式配电变压器

图 3-5　非晶态合金铁芯变压器

图 3-6　耐高温液浸变压器

4. 主要部件

普通变压器的原、副边线圈是同心地套在一个铁芯柱上，内为低压绕组，外为高压绕组。电焊机变压器原、副边线圈分别装在两个铁芯柱上。

变压器在带负载运行时，当副边电流增大时，变压器要维持铁芯中的主磁通不变，原边电流也必须相应增大来达到平衡副边电流。

变压器二次有功功率一般等于变压器额定容量（kV·A）×0.8（变压器功率因数）kW。

电力变压器主要有：

（1）吸潮器（硅胶筒）内装有硅胶，储油柜（油枕）内的绝缘油通过吸潮器与大气连通，干燥剂吸收空气中的水分和杂质，以保持变压器内部绕组的良好绝缘性能；硅胶变色、变质易造成堵塞。

（2）油位计反映变压器的油位状态，一般在+200左右，过高需放油，过低则加油；冬天温度低、负载轻时油位变化不大，或油位略有下降；夏天，负载重时油温上升，油位也略有上升；二者均属正常现象。

（3）油枕调节油箱油量，防止变压器油过速氧化，上部有加油孔。

（4）防爆管防止突然事故对油箱内压力骤增造成爆炸危险。

（5）信号温度计监视变压器运行温度，发出信号。指示的是变压器上层油温，变压器线圈温度要比上层油温高 10 ℃。国标规定：变压器绕组的极限工作温度为 105 ℃（即环境温度为 40 ℃时），上层温度不得超过 95 ℃，通常以监视温度（上层油温）设定在 85 ℃及以下为宜。

（6）分接开关通过改变高压绕组抽头，增加或减少绕组匝数来改变电压比。

因为 $U_1/U_2=W_1/W_2$，$U_1W_2=U_2W_1$，所以 $U_2=U_1W_2/W_1$。

一般变压器均为无载调压，需停电进行：常分 Ⅰ、Ⅱ、Ⅲ 三挡，+5%、0%、-5%（一次为 10.5 kV、10 kV、0.95 kV，二次为 380 V、400 V、420 V），出厂时一般置于 Ⅱ 挡。

（7）瓦斯信号继电器：（气体继电器）轻瓦斯、重瓦斯信号保护。上接点为轻瓦斯信号，一般作用于信号报警，以表示变压器运行异常；下接点为重瓦斯信号，动作后发出信号的同时使断路器跳闸、掉牌、报警。一般瓦斯继电器内充满油说明无气体，油箱内有气体时会进入瓦斯继电器内，达到一定程度时，气体挤走贮油使触点动作。打开瓦斯继电器外盖，顶上有两调节杆，拧开其中一帽可放掉继电器内的气体；另一调节杆是保护动作试验钮；带电操作时必须戴绝缘手套并强调安全。

5. 铭牌值

为了使变压器经济、安全地运行，并保证一定的使用寿命，生产商通常会对其产品规定额定值，并在设备出厂前根据额定值进行产品试验，把按额定运行的数据标注在变压器铭牌上，如表 3-1 所示。

表 3-1 某厂家变压器铭牌

铜线电力变压器				
产品标准：GB/T 10228—2015			型号：SCB9	
额定容量：1 000 kV·A			相数：3	额定频率：50 Hz
额定电压	高压：10 000 V		额定电流	高压：57.8 A
	低压：400/230 V			低压：1 445 A

续表

使用条件：IP20 户内式		线圈温升：105 ℃		油面温升：（油浸变压器标注）		
阻抗电压：6%				冷却方式：强迫风冷		
接线连接图		向量图		连接组编号	开关位置	分接头位置
高压	低压	高压	低压			
				D，Yn0	I II III IV V	10 500 10 250 10 000 9 750 9 500

6. 相关技术术语及数据

额定容量是变压器在额定运行条件下，变压器输出能力的保证值，即

$$S = 1.73 \times U_L I_L \times 10^{-3} \ (\text{kV} \cdot \text{A})$$

式中：U_L——变压器低压侧线电压（V）；

I_L——变压器低压侧线电流（A）。

额定电压是变压器在额定运行条件下，根据变压器绝缘强度、允许温升所规定的原、副边电压值。

线圈温升是变压器温度与周围介质温度的差值。

油浸变压器：① 线圈温升 65 ℃（冷却介质最高温度 40 ℃）；② 油温温升 55 ℃（最高顶层油温 95 ℃，冷却介质最高温度 40 ℃）。

干式变压器：线圈温升 100 ℃（F 级绝缘），80 ℃（B 级绝缘），环境温度不高于 40 ℃。

阻抗电压也称为短路电压，即当一个线圈短路，在另一线圈达到额定电流时，所施加的电压，一般以额定电压的百分数表示。短路电压值的大小在变压器运行中有极其重要的意义，它是考虑短路电流、继电保护特性及变压器并联的依据。

短路损耗是一个线圈通过额定电流，另一个线圈短路时，所产生的损耗（单位用 W 或 kW 表示）。短路损耗是电流通过电阻产生的损耗，即铜损。

空载损耗是变压器在空载状态下的损耗（因空载电流及一次绕组电阻很小，铜损可忽略，基本等于铁损）。

空载电流为当变压器二次绕组开路，一次绕组施加额定频率的额定电压时，其中所通过的电流。通常以额定电流的百分数表示：$I_0\% = I_0/I_N \times 100\%$，变压器容量越大，其空载电流越小。

3.1.2 维护及使用电力变压器

1. 送电

（1）新变压器除厂家进行出厂试验外，安装竣工投运前均应现场吊芯检查；大修后也一样（短途运输没有颠簸时可不进行，但应做耐压等试验）。

（2）变压器停运半年以上时，应测量绝缘电阻，并做油耐压试验。

（3）变压器初次投入应做≤5 次全电压合闸冲击试验，大修后为≤3 次，同时应空载运行 24 h 无异常，才能逐步投入负载；并做好各项记录。目的是检查变压器绝缘强度能否承受额定电压或运行中出现的操作过电压，也是考核变压器的机械强度和继电保护动作的可靠程度。

（4）新装和大修后的变压器绝缘电阻，在同一温度下，应不低于制造厂试验值的 70%。

（5）为提高变压器的利用率，减少变损，变压器负载电流为额定电流的 75%～85%时较为合理。

2．巡检

变配电所有人值班时，每班巡检一次，无人值班可每周一次；负荷变化剧烈、天气异常、新安装及变压器大修后，应增加特殊巡视，周期不定。

（1）负荷电流是否在额定范围之内，有无剧烈的变化，运行电压是否正常。

（2）油位、油色、油温是否超过允许值，有无渗漏油现象。

（3）瓷套管是否清洁，有无裂纹、破损和污渍、放电现象，接触端子是否有变色、过热现象。

（4）吸潮器中的硅胶变色程度是否已经饱和，变压器运行声音是否正常。

（5）瓦斯继电器内是否有空气，是否充满油，油位计玻璃是否破裂，防爆管的隔膜是否完整。

（6）变压器外壳、避雷器、中性点接地是否良好，变压器油阀门是否正常。

（7）变压器间的门窗、百叶窗铁网护栏及消防器材是否完好，变压器基础是否变形。

3．运行维护

变压器的运行维护主要包括四方面的内容：基本要求、设备倒闸操作、巡视检查及事故处理。

1）基本要求

（1）高压维护人员必须持证上岗，无证者无权操作。

（2）需停电检修时，应报主管部门批准，并通知用户后进行。

（3）室外油浸变压器应每年检测绝缘油一次，室内油浸变压器应每二年检测绝缘油一次。

2）设备倒闸操作

变压器倒闸操作顺序：停电时先停负荷侧，后停电源侧；送电时与上述操作顺序相反。

（1）从电源侧逐级向负荷侧送电，如有故障便于确定故障范围，及时做出判断和处理，以免故障蔓延扩大。

（2）多电源的情况下，先停负荷侧可以防止变压器反充电。若先停电源侧，遇有故障可能造成保护装置误动。

3）巡视检查

根据变电安全运行规程要求，运行值班人员除交接班需要进行巡视检查外，一次变电所每班应巡视检查 5 次。巡视检查项目如下：

（1）变压器温度及声音是否正常，有无异味、变色、过热及冒烟等现象。油浸变压器的上层油温根据生产厂家的规定最高不超过 95 ℃（允许温升 55 ℃），为防止变压器油过快劣化，上层油温不宜超过 85 ℃。

（2）保持瓷瓶、套管、磁质表面清洁，观察有无裂纹破损、放电现象。油浸变压器的油位应合乎标准、颜色正常、无漏油喷油现象。

（3）干式变压器的风机运转声音及温控器指示是否正常。

（4）变压器高、低压接地的接线处是否接触良好，有无变色现象。

4）变压器的事故处理

（1）发现下列情况之一者应立即停止运行：

① 内部异响很大，并有爆裂声。

② 正常冷却情况下，温度急剧上升。

③ 油枕和防爆桶喷油、冒烟（油浸变压器）。

④ 严重漏油，已看不到油位（油浸变压器）。

⑤ 变压器冒烟、着火。

⑥ 套管有严重破裂及放电现象。

⑦ 接线端子熔断，出现断相运行。

（2）处理步骤：

① 首先按照倒闸操作顺序，断开变压器高、低压侧开关，并做好安全措施。

② 变压器上盖着火时，打开底部油门，使其低于着火处。

（3）允许向主管部门联系后再处理的事故及其处理步骤：

① 变压器负荷超过运行规程规定时，应及时报告上级负责人，并注意监测负荷及温度。

② 声音异常、端子过热或发红熔化，应及时报告上级负责人，以便及时采取措施。

③ 变压器温度超过允许温升，应尽快查明原因。检查三相负荷是否平衡（是否有匝间短路现象），变压器的冷却装置是否正常，有载调压器分接开关是否接触不良，变压器铁芯硅钢片间是否短路。

（4）油浸变压器轻瓦斯动作，发出告警信号及信号继电器掉牌时的处理：

① 首先查明原因：是否漏油导致油面降低，变压器故障而产生少量气体，变压器内部短路故障引起油温升高，瓦斯继电器内部有无气体，二次回路和瓦斯保护装置。

② 处理方法：立即关闭告警信号，恢复信号牌并将开关把手转向开闸位置，并断开重瓦斯保护的跳闸压板。若是瓦斯继电器内部故障，则应及时更换。

4. 定期保养

（1）油样化验——耐压、杂质等性能指标每三年进行一次，变压器长期满负荷或超负荷运行者可缩短周期。

（2）高、低压绝缘电阻不低于原出厂值的70%（10 MΩ），绕组的直流电阻在同一温度下，三相平均值之差不应大于2%，与上一次测量的结果比较也不应大于2%。

（3）变压器工作接地电阻值每二年测量一次。

（4）停电清扫和检查的周期，根据周围环境和负荷情况确定，一般半年至一年一次；

主要内容有清除巡视中发现的缺陷、瓷套管外壳清扫、破裂或老化的胶垫更换、连接点检查拧紧、缺油补油、呼吸器硅胶检查更换等。

5. 电力变压器接地

（1）变压器的外壳应可靠接地，工作零线与中性点接地线应分别敷设，工作零线不能埋入地下。

（2）变压器的中性点接地回路，在靠近变压器处应做成可拆卸的连接螺栓。

（3）装有阀式避雷器的变压器其接地应满足三位一体的要求，即变压器中性点、变压器外壳、避雷器接地应连接在一处共同接地。

（4）接地电阻应≤4 Ω。

6. 故障解决

1）焊接处渗漏油

主要是焊接质量不良，存在虚焊、脱焊，焊缝中存在针孔、砂眼等缺陷，电力变压器出厂时因有焊药和油漆覆盖，运行后隐患便暴露出来；另外，由于电磁振动会使焊接振裂，造成渗漏。对于已经出现渗漏现象的，首先找出渗漏点，不可遗漏。针对渗漏严重部位可采用扁铲或尖冲子等金属工具将渗漏点铆死，控制渗漏量后将治理表面清理干净，大多采用高分子复合材料进行固化，固化后即可达到长期治理渗漏的目的。

2）密封件渗漏油

密封不良原因，通常箱沿与箱盖的密封是采用耐油橡胶棒或橡胶垫密封的，如果其接头处处理不好会造成渗漏油故障。有的是用塑料带绑扎，有的直接将两个端头压在一起，由于安装时滚动，接口不能被压牢起不到密封作用，仍是渗漏油，可用福世蓝材料进行黏接，使接头形成整体，渗漏油现象得到很大的控制；若操作方便，也可以同时将金属壳体进行黏接，达到渗漏治理目的。

3）法兰连接处渗漏油

法兰表面不平，紧固螺栓松动，安装工艺不正确，使螺栓紧固不好而造成渗漏油。先将松动的螺栓进行紧固后，对法兰实施密封处理，并针对可能渗漏的螺栓也进行处理，达到完全治理的目的。对松动的螺栓进行紧固，必须严格按照操作工艺进行操作。

4）螺栓或管子螺纹渗漏油

出厂时加工粗糙，密封不良，电力变压器密封一段时间后便产生渗漏油故障。采用高分子材料将螺栓进行密封处理，达到治理渗漏的目的。另一种办法是将螺栓（螺母）旋出，表面涂抹福世蓝脱模剂后，再在表面涂抹材料后进行紧固，固化后即可达到治理的目的。

5）铸铁件渗漏油

渗漏油主要原因是铸铁件有砂眼及裂纹所致。针对裂纹渗漏，钻止裂孔是消除应力避免延伸的最佳方法。治理时可根据裂纹的情况，在漏点上打入铅丝或用手锤铆死。然后用丙酮将渗漏点清洗干净，用材料进行密封。铸造砂眼则可直接用材料进行密封。

6）散热器渗漏油

散热器的散热管通常是用有缝钢管压扁后经冲压制成，在散热管弯曲部分和焊接部分常产生渗漏油，这是因为冲压散热管时，管的外壁受张力，其内壁受压力，存在残余应力所致。

将散热器上下平板阀门（蝶阀）关闭，使散热器中油与箱体内油隔断，降低压力及渗漏量。确定渗漏部位后进行适当的表面处理，然后采用福世蓝材料进行密封治理。

7）瓷瓶及玻璃油标渗漏油

通常是因为安装不当或密封失效所致。高分子复合材料可以很好地将金属、陶瓷、玻璃等材质进行黏接，从而达到渗漏油的根本治理。

7. 保护选择

（1）变压器一次电流=S/（1.732×10），二次电流=S/（1.732×0.4）。

（2）变压器一次熔断器选择等于1.5～2倍变压器一次额定电流（100 kV·A 以上变压器）。

（3）变压器二次开关选择等于变压器二次额定电流。

（4）800 kV·A 及以上变压器除应安装瓦斯继电器和保护线路，系统回路还应配置相适应的过电流和速断保护；定值整定和定期校验。

任务检查

按表 3-2 对任务完成情况进行检查记录。

表 3-2　任务完成情况检查记录表

项目名称：　　　　　　　　工作组名称：

姓名	任务	存在问题	解决办法	任务完成情况	检查人签字	备注

任务完成时间：　　　　　　　　组长签字：

任务 3.2　认识高压开关柜

任务描述

图 3-7 所示为箱式环网式高压开关柜。要求能够认识高压开关柜；了解高压开关柜的技术性能；能理解高压开关柜选择及总要求。

图 3-7 箱式环网式高压开关柜

本任务主要是为了熟悉高压开关柜的组成、技术指标、使用技术条件等。通过网络、图书馆查询等形式，认识高压开关柜的组成，了解各主要元件的运行和选择。

3.2.1 高压开关柜的组成

高压开关柜，也称高压配电装置。由高压断路器、负荷开关、接触器、高压熔断器、隔离开关、接地开关、互感器和站用变压器，以及控制、测量、保护、调节装置，内部连接件，辅件外壳和支持件等组成的成套配电装置，其内的空间以及空气或复合绝缘材料作为绝缘和灭弧介质，用作接收和分配电网的电能，或用作对高压用电设备的保护和控制。

3.2.2 技术性能

1. 使用环境条件

（1）海拔高度：不超过 1 000 m。

（2）环境温度：不高于 +40 ℃，不低于 −5 ℃。

（3）相对湿度：≤90%（15 ℃）。

（4）抗振能力：地面水平加速度 0.4 g，地面垂直加速度 0.2 g。

（5）安全系数：>2。

2. 使用技术条件及产品试验参数

（1）额定工作电压：10 kV。

（2）最高工作电压：12 kV。

（3）额定工作频率：50 Hz。

（4）额定关合电流≥63 kA，额定开断电流≥25 kA。

（5）额定动稳定电流：63 kA、（80）kA（峰值）。

（6）额定热稳定电流：25 kA、（31.5）kA。

（7）对 10 kV 不接地系统（中性点经消弧线圈接地）高压设备的绝缘水平应符合额定电压 15/17.5 kV 等级标准。

（8）工频耐压：瓷绝缘工频耐压 42 kV、1 min；非瓷绝缘工频耐压 38 kV、1 min。

（9）冲击耐压：75 kV（峰值）。

（10）温度：开关柜可接触部件 30 ℃；导体表面 65 ℃。

（11）内部故障电弧效应试验：电缆室 20 kA/0.1 s；断路器室 20 kA/0.8 s。

（12）局部放电试验：按照规定。

3．柜体结构技术要求（金属铠装移开式）

（1）柜体外形尺寸（高×宽×深）应符合设计要求。

（2）电缆（母线）的进出线方式应符合设计要求。

3.2.3　结构构造

（1）每个柜中的元件，如母线、断路器、电压互感器和出线电缆等均应隔开。

（2）断路器室应由一个钢板封闭单元组成，并带有用于拉出型可动部分所必需的装置，相同参数的可移动元件应能互换，具有相同参数和结构的其他元件也可互换。

（3）柜的金属壳和隔板均应可靠接地，接地导体和接地开关额定值应满足额定短时和峰值耐受电流的要求。铜导体的电流密度应不超过 200 A/mm²。

（4）在运动位置上的隔离插头，应耐受短路冲击电流并保证接触良好。

（5）当拉出小车时，应确保隔离插头断开。隔板的开口能自动关闭以防止接触到带电部分。

（6）开关柜里的元件应装有联锁，小车只有当断路器断开时才能拉出，接地开关和断路器应有可靠联锁，对于操作接地开关应有清楚的指示计指示出线侧无电压，且断路器断开以防误操作。

（7）柜壳应用金属构成，壳体应满足保护规程要求，地板和墙壁都不能作为柜壳的一部分（柜底应允许两条电缆穿入并作终端，例如可用橡皮垫等，在底部以上的电缆室应有足够的安装空间以安装大截面电缆和零序电流互感器）。

（8）用于正常维护的门和盖应不用手动工具即可打开，但是为了操作人员的安全应有联锁装置。此外，应提供专门挂锁。

（9）如壳体上有一观察口，应足够的机械强度并应考虑壳体与电气元件间的安全距离和静电屏蔽措施。

（10）气孔或排气口应与壳体有同样的安全等级。

（11）隔板应满足其保护标准，绝缘隔板应能耐受工频耐压试验。在主电路和绝缘隔板之间应有足够的空气间隔以能够承受 150%额定电压的耐压试验。

（12）在每个柜中的母线应装在单独的母线隔层中，母线和电缆连接可用铜带，相序的排法是第一相 L1（用黄色表示），第二相 L2（用绿色表示），第三相 L3（用红色表示），从上至下或从左至右或从里到外。

（13）封闭开关装置应能方便组装运输和现场安装，应有电缆终端头、安装孔、起吊螺栓、螺栓孔接地线、铭牌、挂锁等。

（14）柜壳的涂漆颜色见工程设计图，如图中未指定要求时由制造厂决定。

（15）距离（由厂家提供）：固定触头与绝缘板的护门之间；带有绝缘管动臂与隔离板之间；相间（中心距离）；相对地（中心线）；母线相间距（净距）；相母线对地（净距）。爬电距离分别给出：瓷质材料和有机材料。

（16）在出线电缆上应装有氖灯型电压显示器。

（17）母线和引线的接头都应有绝缘。

（18）柜里应根据需要装有加热和照明设备。

（19）进线柜应是可移出的隔绝小车型。

（20）各柜母线每三个柜设一个装拆点。

（21）开关柜上下部的通风孔要加隔尘网，并达到防护等级：IP4X 级要求。

（22）柜后左侧设接地螺栓，并标以标记。

（23）电缆小室中电缆端子距柜底高度，不得低于 700 mm。

3.2.4　高压开关柜的选择

为保证高压开关柜中高压电气元件在正常运行、检修、短路和过电压情况下的安全，高压开关柜应按下列条件选择：

（1）按环境条件（包括温度、湿度、海拔、地震烈度等）选择；

（2）按正常工作条件（包括电压、电流、频率、机械荷载等）选择；

（3）按短路条件（包括短时耐受电流、峰值耐受电流、额定短路关合和开断电流等）选择；

（4）按承受过电压能力（包括绝缘水平等）选择；

（5）按各类高压电器的不同特点（包括开关的操作性能、熔断器的保护特性配合、互感器的负载及准确等级等）选择。

3.2.5　高压开关柜总要求

（1）开关柜联锁要求（主要指配备必要的机械和电气联锁装置）；

（2）开关柜的进出线形式；

（3）开关柜内所有二次绝缘组件（如端子、辅助开关、插件等）的要求；

（4）对测量、显示仪表的要求；

（5）进线电压互感器，计量用电压、电流互感器的安装形式的要求；

（6）带电显示器、接地开关的形式及安装位置的要求。

按表 3-3 对任务完成情况进行检查记录。

表 3-3 任务完成情况检查记录表

项目名称：　　　　　　　　　工作组名称：

姓名	任务	存在问题	解决办法	任务完成情况	检查人签字	备注

任务完成时间：　　　　　　　　　组长签字：

任务 3.3 高压电气设备的选择

图 3-8 所示为高压配电系统。高压电气设备是指在电力系统中对发电机、变压器、电力线路、断路器等设备的统称。要求能够认识高压开关柜；了解高压开关柜的技术性能；能理解高压开关柜选择及总要求。

图 3-8 高压配电系统

任务分析

本任务主要是了解高压电气设备的运行，理解供配电系统的一些主要高压电气设备及其功能、结构特点、型号和规格，掌握高压熔断器、高压隔离开关、高压负荷开关、高压断路器等电气设备的选择方法。

知识学习

3.3.1　高压熔断器的运行及选择

1. 高压熔断器的特点

高压熔断器是人为在电网中设置的薄弱环节，是工厂供电系统中应用广泛的一种保护电器。它串接在保护电路中，当流过其熔体的电流超过一定数值时，熔体自身产生的热量自动将熔体熔断而断开电路，主要是对电路及其设备进行短路或过负荷保护。

高压熔断器结构简单，价格低廉，维护使用方便，不需要任何附属设备，在电压较低的小容量电网中普遍用它代替结构复杂的断路器。

高压熔断器主要由熔体、熔管及触头等组成，为了提高灭弧能力，有的熔体内填有石英砂等灭弧介质。

2. 高压熔断器的结构和类型

高压熔断器按限流作用分为限流式熔断器和非限流式熔断器。限流式熔断器是指在短路电流未达到短路电流的冲击值之前就完全熄灭电弧的熔断器；非限流式熔断器是指在熔体熔化后，电弧电流继续存在，直到第一次过零或经过几个周期后电弧才完全熄灭的熔断器。

高压熔断器按安装地点分为户内式和户外式。在 6～35 kV 高压电路中，广泛采用 RN1、RN2、RW4、RW10（F）等形式的熔断器。

3. 常见高压熔断器

（1）RN1、RN2 系列的结构基本相同，都是瓷熔管内填充石英砂的密封管式熔断器。RN1 系列用于高压线路和设备的短路与过载保护，结构尺寸较大；RN2 系列只用于电压互感器的短路保护，熔体额定电流一般为 0.5 A，结构尺寸较小。其外形结构示意图如图 3-9 所示。

（2）RW4-10 型熔断器的基本结构如图 3-10 所示。当线路发生短路时，短路电流使熔管熔丝熔断，形成电弧。纤维消弧管由于电弧燃烧分解产生大量气体，使管内压力剧增，并沿管道形成强烈的气流纵向吹弧，使电弧迅速熄灭。熔丝熔断时，熔管的上动触头因失去张力而下翻，在触头弹力和熔管自重作用下，熔管回转跌开，形成明显可见的断开间隙。

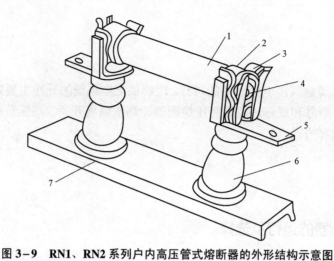

图 3-9 RN1、RN2 系列户内高压管式熔断器的外形结构示意图

1—瓷熔管；2—金属管帽；3—弹性触座；4—熔断指示器；5—接线端子；6—瓷绝缘子；7—底座

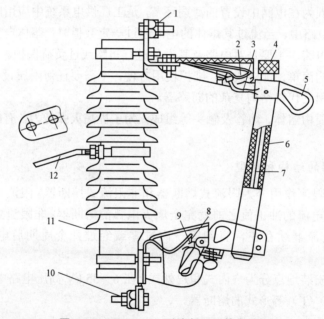

图 3-10 RW4-10 型熔断器的基本结构

1—上接线端子；2—上静触头；3—上动触头；4—管帽；5—操作环；6—熔管；7—铜熔丝；
8—下动触头；9—下静触头；10—下接线端子；11—绝缘子；12—固定安装板

4. 高压熔断器的运行

（1）高压熔断器正常运行情况：

① 瓷件无破损、裂纹、闪络、烧伤等情况。

② 各部活动轴应灵活，弹力合适。

③ 安装牢固，安装角度及相间距离正确。

④ 裸带电部分与各部分距离足够。

⑤ 上下引线与接头的连接良好，无松动、过热及烧坏现象。

⑥ 高压熔断器的接触应良好，无发热现象。

⑦ 定期停电检查和调整，一般每 1～3 年进行 1 次。

（2）操作跌开式熔断器的注意事项：

① 一般情况下不应带负荷操作，因此，应先切断负荷，再操作跌开式熔断器，以防止事故发生。

② 分断操作时，应先拉断中相，再拉下风相，最后拉剩下一相；合闸时顺序相反，先推上风相，最后推中相。

③ 操作时不得用力过猛，以免熔断器损坏；操作者应戴绝缘手套和护目镜，以确保安全。

5. 高压熔断器的选择

高压熔断器没有触头，而且分断短路电流后熔体熔断，故不必校验稳定和热稳定，仅需校验通断能力。

1）保护线路的熔断器的选择

（1）熔断器的额定电压 $U_{N.FU}$ 应不低于其所在系统的额定电压 $U_{N.S}$，即

$$U_{N.FU} \geq U_{N.S}$$

（2）熔体额定电流 $I_{N.FE}$ 不小于线路计算电流 I_C，即

$$I_{N.FE} \geq I_C$$

（3）熔断器额定电流 $I_{N.FU}$ 不小于熔体的额定电流 $I_{N.FE}$，即

$$I_{N.FU} \geq I_{N.FE}$$

（4）熔断器断流能力校验。

① 对限流式熔断器（如 RN1 型户内型熔断器），其额定短路分断电流（有效值）I_{cs} 应满足

$$I_{cs} \geq I''^{(3)}$$

式中，$I''^{(3)}$ 为熔断器安装地点的三相次暂态短路电流的有效值，无限大容量系统中其值等于 $I_\infty^{(3)}$。

② 对非限流式熔断器（如 RW 系列跌开式熔断器），可能断开的短路电流是短路冲击电流，其额定短路分断电流上限值 $I_{cs.max}$ 应不小于三相短路冲击电流有效值 $I_{sh}^{(3)}$，即

$$I_{cs \cdot max} \geq I_{sh}^{(3)}$$

熔断器额定短路分断电流下限值应不大于线路末端两相短路电流 $I_k^{(2)}$，即

$$I_{cs \cdot min} \leq I_k^{(2)}$$

2）保护电力变压器（高压侧）的熔断器熔体额定电流的选择

考虑到变压器的正常过负荷能力（20%左右）、变压器低压侧尖峰电流及变压器空载合闸时的励磁涌流，熔断器熔体额定电流 $I_{N.FE}$ 应满足

$$I_{N \cdot FE} \geq (1.5 \sim 2.0) I_{1N.T}$$

式中，$I_{1N.T}$ 为变压器的额定一次电流。

3）保护电压互感器的熔断器熔体额定电流的选择

因为电压互感器二次侧电流很小，故选择 RN2 型专用熔断器作电压互感器短路保护，其熔体额定电流为 0.5 A。

3.3.2 高压隔离开关的运行及选择

1．高压隔离开关的特点

（1）断开后有明显可见的断开间隙，保证了电气维修人员在检修时的安全。

（2）高压隔离开关没有专门的灭弧装置，因此不允许带负荷操作。

（3）可以用来直接通、断一定的小电流。

2．高压隔离开关的类型与结构

1）高压隔离开关分类

按安装地点分为户内式和户外式；按绝缘支柱数目分为单柱式、双柱式、三柱式；按用途分为输配电用、发电机引出线用、变压器中性点接地用、快分用；按断口两侧接地刀情况分为单接地、双接地、不接地；按触头运动方式分为水平旋转式、垂直旋转式、摆动式、插入式；按操作机构分为手动操作、电动操作、气动操作；按极数分为单极、三极。

2）高压隔离开关的结构

（1）户内式高压隔离开关（GN 型）。图 3-11 所示为 GN8-10/600 型户内式高压隔离开关的结构。其每相导电部分通过一个支柱绝缘子和一个套管绝缘子安装，每相隔离开关中间均有拉杆绝缘子，拉杆绝缘子与安装在底架上的转轴相连，主轴通过拐臂与连杆和操作机构相连。

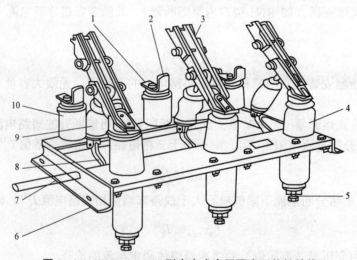

图 3-11　GN8-10/600 型户内式高压隔离开关的结构

1—上接线端子；2—静触头；3—闸刀；4—绝缘套管；5—下接线端子；6—框架；7—转轴；
8—拐臂；9—升降瓷瓶；10—支柱瓷瓶

（2）户内式高压隔离开关（GW 型）。户内式高压隔离开关的工作条件比较恶劣，绝缘要求较高，应保证在冰雪、雨水、风、灰尘、严寒和酷暑等条件下可靠地工作。同时应具备较高的机械强度，因为高压隔离开关可能在触点结冰时操作，这就要求高压隔离开关触点在操作时有破冰作用。图 3-12 所示为 GW5-35D 型户外式高压隔离开关的结构，它由底座、支柱绝缘子、导电回路等部分组成，两绝缘子成 V 形，交角为 50°，借助连杆组成三极联动的隔离开关。底座部分有两个轴承，用以旋转棒式支柱绝缘子，两轴承座间用齿轮啮合，即操作任意一柱，另一柱可随之同步旋转，以达到分断、关合的目的。

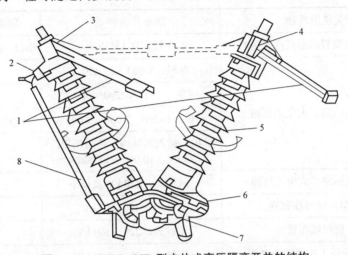

图 3-12　GW5-35D 型户外式高压隔离开关的结构

1—主闸刀；2—接地静触点；3—出线端；4—导电带；5—绝缘子；6—轴承座；

7—伞齿轮；8—接地闸刀

3. 高压隔离开关的运行

高压隔离开关配置在主电路上，保证了线路及设备检修时形成明显的断口与带电部分隔离。必须强调，由于高压隔离开关没有灭弧装置及开断能力，所以不管合闸还是分闸操作，都应在不带负荷或负荷在高压隔离开关允许的操作范围之内时才能进行。为此，操作隔离开关时，必须遵守倒闸操作顺序，即送电时，先合母线侧隔离开关，然后合线路侧隔离开关，最后合断路器；停电操作与上述过程相反。

高压隔离开关都配有手力操动机构，一般采用 CS6-1 型。操作时要先拔出定位销，分、合闸动作要果断、迅速，终止时不可用力过猛，操作完毕一定要用定位销销住，并目测其动触头位置是否符合要求。

如果发生了带负荷分闸或合闸的误操作，则应冷静地避免可能发生的另一种反方向的误操作，即已发现带负荷误合闸后，不得再立即拉开；当发现带负荷分闸时，若已拉开，则不得再合上（若拉开一点，发觉有火花产生，可立即合上）。

对运行中的隔离开关应进行巡视。在有人值班的配电所中应每班一次；在无人值班的配电所中，每周至少一次。

日常巡视的内容主要是观察有关的电流表，其运行电流应在正常范围内；其次根据隔离开关的结构，检查其导电部分接触良好，无过热变色，绝缘部分应完好，以及无闪络放电痕迹；传动部分应无异常（无扭曲变形、销轴脱落等）。

4. 高压隔离开关的选择

高压隔离开关的额定电压不得低于装设地点电路的额定电压或者最低电压；其额定电流则不得小于通过它的计算电流。高压隔离开关选型参考见表 3-4。

表 3-4　高压隔离开关选型参考

隔离开关使用场合		隔离开关特点	隔离开关参考型号
户内	户内配电装置成套高压开关柜	三极，10 kV 以下	GN2、GN6、GN8、GN19
	发电机回路、大电流回路	单极，3 000~13 000 A	GN10
		三极，15 kV，200~600 A	GN11
		三极，10 kV，2 000~3 000 A	GN18、GN22、GN2
		单极，插入式结构，带封闭罩，20 kV，10 000~13 000 A	GN14
户外	发电机回路、大电流回路	双柱式，220 kV 及以下	GW4
	高型，硬母线布置	V 形，35~110 kV	GW5
	硬母线布置	单柱式，220~500 kV	GW6
	20 kV 及以上中型配电装置	三柱式，220~500 kV	GW6

3.3.3　高压负荷开关的运行及选择

1. 高压负荷开关的特点

高压负荷开关（QL）具有简单的灭弧装置，因此能通断一定的负荷电流和过负荷电流，但不能断开短路电流。因此，它必须与高压熔断器串联使用，借助熔断器来实现短路保护，切断短路故障。高压负荷开关可以装设热脱扣器用于过负荷保护。负荷开关断开后，与隔离开关一样，有明显可见的断开间隙，因此它也具有隔离电源、保证安全检修的功用。

2. 高压负荷开关的类型与结构

高压负荷开关按安装地点不同分为户内式和户外式两种；按灭弧方式的不同分为固体产气式、压气式、油浸式、真空式和 SF_6 式等。

图 3-13 所示为 FN3-10RT 型高压负荷开关的外形结构，其上端绝缘子实际上是一个气压式灭弧装置，它不仅起绝缘子的作用，而且内部是一个气缸，装有由操动机构主轴传动的活塞，分闸时，喷出的压缩空气从喷嘴往外吹弧，加上断路弹簧，使电弧迅速拉长，再加上电流回路的电磁吹弧作用，使电弧迅速熄灭。

负荷开关一般配用 CS2 型等手动操作机构进行操作。图 3-14 所示为 CS2 型手动操作机构的外形及其与 FN3 型负荷开关配合的一种安装方式。

总体来说，负荷开关的断流灭弧能力是有限的，只能分断一定的负荷电流和过负荷电流，因此负荷开关不能配以短路保护装置来自动跳闸。高压负荷开关装有热脱口器，在过负荷情况下可自动跳闸。

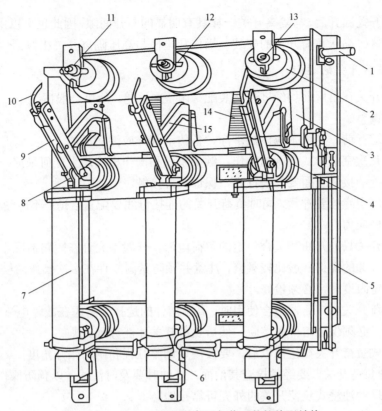

图 3-13　FN3-10RT 型高压负荷开关的外形结构

1—主轴；2—上绝缘子兼气缸；3—连杆；4—下绝缘子；5—框架；6—热脱扣器；7—RN1 型高压熔断器；8—下触座；
9—闸刀；10—弧动触头；11—绝缘喷嘴（内有弧静触头）；12—主静触头；13—上触座；14—断路弹簧；15—绝缘拉杆

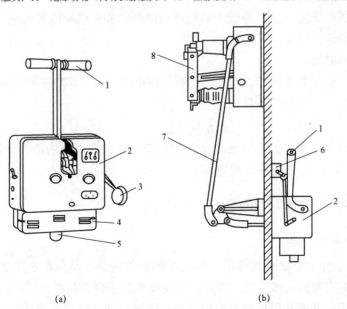

(a)　　　　　　　　　　　　　　(b)

图 3-14　CS2 型手动操作机构的外形及其与 FN3 型负荷开关配合的一种安装方式

(a) 外形；(b) 安装方式

1—操作手柄；2—操作机构外壳；3—分闸指示牌（掉牌）；4—脱扣器盒；
5—分闸铁芯；6—辅助开关（联动触头）；7—传动连杆；8—负荷开关

高压负荷开关断开后，与隔离开关一样具有明显的断开间隙，因此也可以用来隔离电源，以保证安全检修。高压负荷开关的安装、操作和检修与高压隔离开关相似。

3. 高压隔离开关的运行

（1）负荷开关在出厂前均经过严格装配、调整并试验，所以一般情况下，其内部不需要再拆卸或重新调整。

（2）投入运行前，绝缘子应擦拭干净，各传动部分应涂润滑油。

（3）进行几次空载分、合闸的操作，触头系统和操作机构均无任何呆滞、卡死现象。

（4）接地处的接触表面要处理打光，保证良好接触。

（5）母线固定螺栓要拧紧，同时负荷开关的连接母线要配置合适，不应使负荷开关受到来自母线的机械应力。

（6）负荷开关只能开断和关合一定的负荷电流，一般不允许在短路情况下操作。

（7）负荷开关的操作一般比较频繁，注意并预防紧固零件在多次操作后松动，当总的操作次数达到规定限度时，必须检修。

（8）当负荷开关与熔断器组合使用时，高压熔件的选择应考虑在故障电流大于负荷开关的开断能力时，必须保证熔件先熔断，然后负荷开关才能分闸。

（9）产气式负荷开关在检修以后，要按规定调整行程和闸刀张开角度。

（10）对油负荷开关，要经常检查其油面，缺油时要及时注油，以预防操作时引起爆炸，为了安全应将这种油浸式负荷开关的外壳可靠接地。

4. 高压负荷开关的选择

1）按电压和电流选择

高压负荷开关的额定电压不得低于装设地点电路的额定电压或最低电压，其额定电流则不得小于通过它的计算电流。

2）断流能力的校验

高压负荷开关能带负荷操作，但不能切断短路电流，因此其断流能力应按切断最大可能流过负荷电流来校验，满足的条件为

$$I_{OC} \geq I_{OLmax}$$

式中，I_{OC} 为负荷开关的最大分断电流；I_{OLmax} 为负荷开关所在电路的最大可能的过负荷电流，可取为（1.5～3）I_{30}，I_{30} 为电路计算电流。

3.3.4　高压断路器的运行及选择

1. 高压断路器的特点

高压断路器（QF）是供电系统中一种重要的开关电器，是一种专用于断开或接通电路的开关设备，它有完善的灭弧装置。因此，不仅能通断正常负荷电流，而且能接通和承受一定时间的短路电流，并能在保护装置作用下自动跳闸，切除短路故障部分。

2. 高压断路器的结构和类型

高压断路器种类繁多，按其采用的灭弧介质分为压缩空气断路器、油断路器、SF_6 断路

器及真空断路器等。其中,压缩空气断路器的性能较差,运行中故障较高,国内已不再生产;油断路器也正逐步被 SF$_6$ 断路器和真空断路器所取代;SF$_6$ 断路器主要用于频繁操作及有易燃易爆危险的场所,特别是用作全封闭式组合电器。应用最广的是 SF$_6$ 断路器和真空断路器。

1) SF$_6$ 断路器

SF$_6$ 断路器是利用 SF$_6$ 气体作为灭弧和绝缘介质的一种断路器。SF$_6$ 气体具有良好的绝缘性能和灭弧性能。与传统的油断路器和压缩空气断路器相比,SF$_6$ 断路器具有尺寸小、质量轻、开断电流大、噪声小、检修周期长等优点。

SF$_6$ 断路器的结构,按其灭弧方式可分为双压式和单压式两类。双压式具有两个气压系统,压力低的作为绝缘,压力高的作为灭弧;单压式只有一个气压系统,灭弧时,SF$_6$ 气流靠压气活塞产生。单压式的结构简单,LN1、LN2 型断路器均为单压式。

图 3-15 所示为 LN3-10 型户内式 SF$_6$ 断路器的外形结构,其灭弧室的结构和工作示意图如图 3-16 所示。

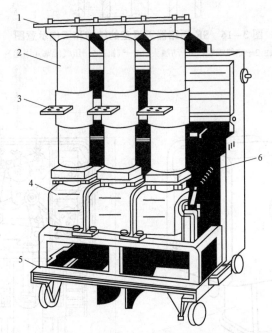

图 3-15　LN3-10 型户内式 SF$_6$ 断路器的外形结构

1—上接线端子;2—绝缘筒(内有气缸和触头);3—下接线端子;
4—操动机构箱;5—小车;6—断路弹簧

由图 3-16 所示 SF$_6$ 断路器的灭弧室结构可以看出,断路器的静触头和灭弧室的压气活塞是相对固定不动的。分闸时,装有动触头和绝缘喷嘴的气缸由断路器操作机构通过连杆带动,离开静触头造成气缸与活塞的相对运动,压缩 SF$_6$ 气体,使之通过喷嘴吹弧,从而使电弧迅速熄灭。SF$_6$ 断路器配用 CD10 型电磁操作机构或 C77 型弹簧操作机构,如图 3-17 和图 3-18 所示。

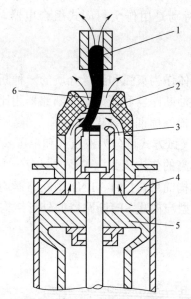

图3-16 SF₆断路器灭弧室的结构和工作示意图

1—静触头；2—绝缘喷嘴；3—动触头；4—气缸；5—压气活塞（固定）；6—电弧

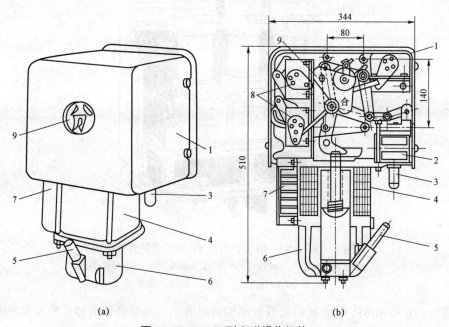

（a）   （b）

图3-17 CD10型电磁操作机构

（a）外形图；（b）剖面图

1—外壳；2—跳闸线圈；3—手动跳闸按钮（跳闸铁芯）；4—合闸线圈；5—合闸操作手柄；

6—缓冲底座；7—接线端子排；8—辅助开关；9—分合指示器

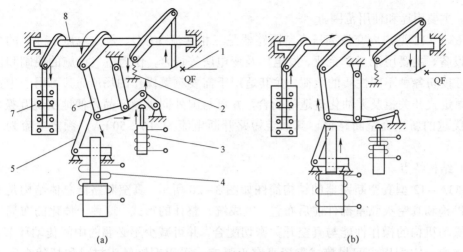

图 3-18　CD10 型电磁操作机构的传动原理示意图

（a）分闸时；（b）合闸时

1—高压断路器；2—断路弹簧；3—跳闸线圈；4—合闸线圈；5—L 形搭钩；

6—连杆；7—辅助开关；8—操动机构主轴

2）真空断路器

真空断路器是利用真空气压（$10^{-2} \sim 10^{-6}$ Pa）灭弧的一种断路器，其触头装在真空灭弧室内。由于真空中不存在气体游离的问题，所以这种断路器的触头断开时很难产生电弧。但是在感性电路中，灭弧速度过快，瞬间切断电流将使电流变化率很大，从而使电路出现过电压，对电力系统很不利，因此要求在触头断开时产生一点电弧，称之为真空电弧，它能在电流第一次过零时熄灭。这样，燃弧时间很短（至多半个周期），又不致产生很高的过电压。

真空断路器的灭弧室结构如图 3-19 所示。真空灭弧室的中部有一对圆盘状的触头。在触头刚分离时，由于高电场发射和热电发射而使触头间发生电弧。电弧温度很高，可使触头表面产生金属蒸气。

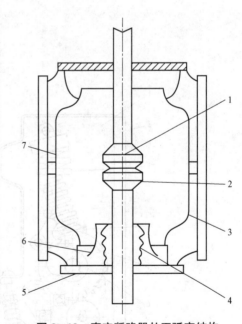

图 3-19　真空断路器的灭弧室结构

1—静触头；2—动触头；3—屏蔽罩；4—波纹管；
5—与外壳封接的金属法兰盘；6—波纹管屏蔽罩；7—玻壳

随着触头的分开和电弧电流的减小，触头间的金属蒸气也逐渐减小。当电弧电流过零时，电弧暂时熄灭，触头周围的金属离子迅速扩散，凝聚在四周的屏蔽罩上，以致在电流过零后几微秒的极短时间内，触头间隙实际上又恢复了原有的高真空度。因此，当电流过零后虽然很快加上高电压，触头间隙也不会再次击穿，也就是说，真空电弧在第一次过零时就能完全熄灭。

下面重点介绍 ZN63A-12（VS1-12）型真空断路器。

（1）主要用途和使用范围。

ZN63A-12型户内交流高压真空断路器是三相交流50 Hz、额定电压12 kV的户内高压开关设备，主要用于工矿企业、发电厂及变电所等场合，作为电气设施的控制和保护之用，并可投切各种不同性质的负荷，尤其适用于需要频繁操作的场所。其可用于中置式开关柜、固定式开关柜及无油化改造等场合，并可与国外同类型产品方便地实现互换，是一种性能优越的新型真空断路器。其额定短路开断电流为16～50 kA，额定电流为630～3 150 A。

（2）结构特点。

ZN63A-12型真空断路器的结构简图如图3-20所示。真空断路器总体结构是专用弹簧操动机构和真空灭弧室部件前后布置，组成统一整体的形式。这种一体化的布局形式可使弹簧操动机构的操作性能与真空开关密切配合，并可减少不必要的中间传动环节，降低能耗和噪声。它配用中间封接式陶瓷真空灭弧室，采用铜铬触头材料和杯状纵磁场触头结构。

触头具有电磨损速率小、电寿命长、耐用水平高、介质绝缘强度稳定且弧后恢复迅速、载流水平低、开断能力强等优点。

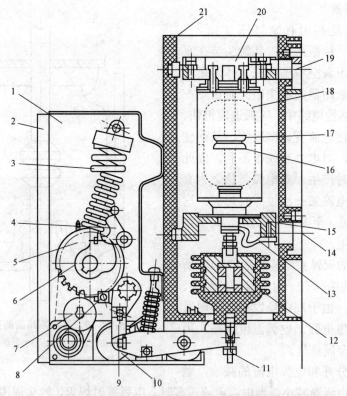

图3-20　ZN63A-12型真空断路器的结构简图

1—机箱；2—面板；3—合闸弹簧；4—合闸掣子；5—链轮传动机构；6—凸轮机构；

7—齿轮传动机构；8—输入拐臂；9—四杆传动机构；10—储能电动机；11—操作绝缘子；

12—触头压力弹簧；13—软连接；14—下部接线端子；15—下支架；16—动触头；

17—静触头；18—真空灭弧室；19—上部接线端子；20—上支架；21—绝缘筒

真空断路器的核心部件是真空灭弧室，它纵向安装在一个椭圆形管状绝缘筒内，绝缘筒具有高爬电比距结构（爬电比距指电力设备外绝缘的爬电距离与设备最高工作电压有效值之比，单位为 mm/kV），由环氧树脂经 APG 工艺浇注或 SMC 材料压制而成。这种安装方式可减少粉尘等在真空灭弧室表面的积聚，同时防止真空灭弧室受到损坏，并且可确保在湿热及严重污染环境下，也可对电压效应呈现出高阻态。

（3）灭弧原理。

真空灭弧室是以真空作为灭弧和绝缘介质的电真空器件。由于高度的真空具有极高的绝缘强度，因而真空断路器只需很小的触头开距就能满足绝缘要求。

当真空灭弧室的动、静触头在操动机构的作用下带电分离时，在触头间隙中会产生真空电弧。同时，电弧电流流经具有特殊结构的触头时，在触头间隙中会产生纵向磁场，促使真空电弧保持为扩散型，并均匀地分布在触头表面燃烧，维持较低的电弧电压。在导通的电流自然过零时，残留的离子、电子及金属蒸气将迅速复合或凝聚在触头表面和屏蔽罩上，使灭弧室断口的介质绝缘强度很快地以高于恢复电压上升速率的速度恢复，在回路电流过零后，不再被重新击穿，从而电弧熄灭达到开断电流的目的。

3. 高压断路器的运行

（1）断路器经检修恢复运行，操作前应检查检修中的安全装置是否全部拆除，防误闭锁装置是否正常工作。

（2）长期停运的断路器在正式执行操作前应通过远程控制方式进行试操作 2～3 次，无异常后方能按操作票拟定的方式操作。

（3）操作前应检查控制回路、控制电源或液压回路是否正常，储能机构已储能，继电保护和自动装置已按规定投入，即具备运行操作条件。

（4）操作中应同时监视有关电压、电流、功率等表的指示及红绿灯的变化，操作把手不宜返回太快。

（5）装有重合闸装置的断路器，正常操作分闸前，应先停用重合闸。

（6）当液压机构正在打压时，不得操作断路器。

（7）当断路器故障跳闸与规定允许次数只差 1 次时，应将重合闸装置停用，如已达到规定次数，应立即安排检修，不应再将其投入运行。

（8）正常运行的断路器操作时应注意检查油断路器的油位是否正常，SF_6 断路器的气体压力是否在规定的范围内。

（9）电磁机构在合闸操作前，检查合闸母线电压、控制母线电压均在合格范围；操作机构箱门关好，栅栏门关好并上锁，脱扣部件均在复归位置；SF_6 断路器压力正常；液压机构压力正常。

（10）断路器运行中，由于某种原因造成油断路器严重缺油，SF_6 断路器气体压力异常，严禁对断路器进行停、送电操作，应立即断开故障断路器的控制（操作）电源，及时采取措施，将故障断路器退出运行。

（11）断路器动作分闸后，运行人员应立即记录故障发生时间，停止音响信号，并立即进行事故巡视检查，判断断路器本身有无故障。

（12）运行人员在断路器运行中发现任何不正常现象（如漏油、渗油、油位指示器油位过低、液压机构异常、SF_6气压下降或有异响、分合闸指示不正确等）时，应及时予以消除。不能及时消除的报告上级领导并记入相应运行记录簿和设备缺陷记录簿。

（13）运行人员若发现设备有威胁电网安全运行且不停电难以消除的缺陷，应向值班调度员汇报，及时申请停电处理并报告上级领导。

4. 高压断路器的主要技术参数与选择

1）高压断路器的主要技术参数

（1）额定电压（U_N）。断路器的额定电压为它在运行中能长期承受的系统最高电压。我国目前采用的额定电压标准有 3.6 kV、7.2 kV、12 kV、24 kV、40.5 kV、72.5 kV、126 kV、252 kV、363 kV、550 kV、800 kV 等。

（2）额定电流（I_N）。断路器的额定电流指断路器能够持续通过的最大电流。设备在此电流下长期工作时，其各部温升不得超过有关标准的规定。一般额定电流的等级为 400 A、600 A、1 000 A、1 250 A、1 500 A、2 000 A、3 000 A。

（3）额定短路开断电流（I_{OC}）。额定短路开断电流指断路器在额定电压下能可靠开断的最大短路电流。它是表明断路器开断能力的一个重要参数，单位为 kA。

（4）额定开断容量（S_{OC}）。额定开断容量也是表征断路器开断能力的一个参数，其单位为 MV·A。对于三相断路器，额定开断容量为

$$S_{OC} = \sqrt{3} I_{OC} U_N$$

（5）热稳定电流（I_K）。热稳定电流描述的是断路器承受短路电流热效应的能力。它是指在规定的时间（国家标准规定的时间是 2 s）内，断路器在合闸位置能够承载的最大电流，数值上等于断路器的额定短路开断电流。

（6）动稳定电流（I_P）。动稳定电流是指断路器在合闸位置或闭合瞬间，允许通过电流的最大值，又称极限通过电流。它反映了断路器允许短时通过电流的大小，反映了断路器承受短路电流电动力效应的能力。

（7）合闸时间。合闸时间是指从断路器合闸回路接到合闸命令开始，到所有极的触头都接通的时间。合闸时间又称固有合闸时间，一般为 0.2 s。

（8）分闸时间。分闸时间是指从断路器分闸回路接到分闸命令开始，到所有极的触头都分离的时间。分闸时间又称固有分闸时间，一般不大于 0.06 s。断路器的实际开断时间等于固有分闸时间加上灭弧时间。

（9）电弧持续时间。电弧持续时间是指从断路器某极触头首先起弧到各极均灭弧的时间，又称燃弧时间。

2）高压断路器的选择

（1）按电压和电流选择。高压断路器的额定电压不得低于装设地点电路的额定电压或最低电压，其额定电流则不得小于通过它们的计算电流。

（2）断流能力要求。高压断路器可分断短路电流，其断流能力应满足的条件为

$$I_{OC} \geqslant I_K^{(3)}$$

$$S_{OC} \geqslant S_K^{(3)}$$

式中，I_{OC}、S_{OC} 分别为断路器的最大开断电流和断流容量；$I_K^{(3)}$、$S_K^{(3)}$ 分别为断路器安装地点的三相短路电流周期分量有效值和三相短路容量。

3.3.5　高压配电装置的运行及选择

1. 高压配电装置的特点

高压配电装置就是按照一定的线路方案将相应的一次、二次设备组装在一起的配电装置。高压配电装置又称高压开关柜，是除进出线外，完全被金属外壳包住的开关设备，在供配电系统中用于受电或配电的控制、保护和监察测量。高压开关柜按照电压及用途分成不同形式。

2. 高压配电装置的结构

高压开关柜分为半封闭式高压开关柜、金属封闭式高压开关柜和绝缘封闭式高压开关柜。3～35 kV 高压配电装置目前多选用金属封闭式高压开关柜，金属封闭式高压开关柜又分为铠装式、间隔式和箱式三种类型。

金属封闭式开关柜仍然以空气绝缘为主，有固定式和移出式两种。固定式开关柜结构简单，易于制造，相对成本较低，但尺寸偏大不便于检修维护；移出式开关柜采用组装结构，产品尺寸精度高，外形美观且手车小型化，主开关可移至柜外，手车可互换（缩短停电时间），检修维护方便。

我国近年来生产的高压开关柜都是"五防"型的。所谓"五防"是指防止误分、合断路器，防止带负荷分、合隔离开关，防止带电挂地线，防止带地线合闸，防止误入带电间隔。

"五防"柜从电气和机械联锁上采取的措施，实现了高压安全操作程序化，防止了误操作，提高了安全性和可靠性。

1）固定式高压开关柜

固定式高压开关柜由于比较经济，在一般中小型企业中被广泛使用。但故障时需要停电检修，且停电时间长，检修人员要进入带电间隔，检修好方可供电。GG–1A（F）–07S 型固定式高压开关柜的结构如图 3–21 所示。

2）手车式（移出式）高压开关柜

手车式高压开关柜的主要电气设备（如断路器等）是装在手车上的，这些设备需要检修时，可将故障手车拉出，然后推入同类备用手车，即可恢复供电。因此，手车式开关柜检修安全、供电可靠性高，但价格较高。GC–10（F）型手车式高压开关柜的外形结构如图 3–22 所示。

3）间隔式开关柜

间隔式开关柜由固定式壳体和手车两部分组成。JYN3–10 型间隔式开关柜的结构如图 3–23 所示。

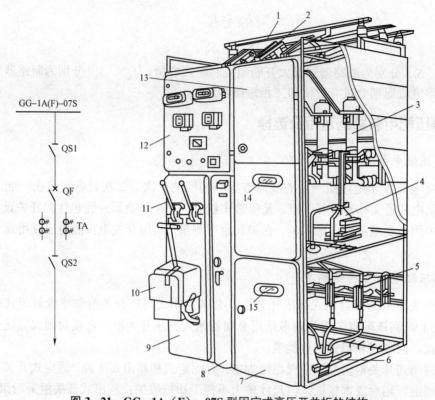

图 3-21 GG-1A（F）-07S 型固定式高压开关柜的结构

1—母线；2—母线侧隔离开关；3—少油断路器；4—电流互感器；5—线路侧隔离开关；

6—电缆头；7—下检修门；8—端子箱门；9—操作板；10—断路器的手力操动机构；

11—隔离开关操作手柄；12—仪表继电器屏；13—上检修门；14，15—观察窗

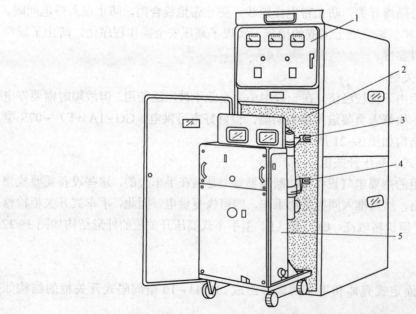

图 3-22 GC-10（F）型手车式高压开关柜的外形结构

1—仪表屏；2—手车室；3—上插头；4—下插头；5—断路器手车

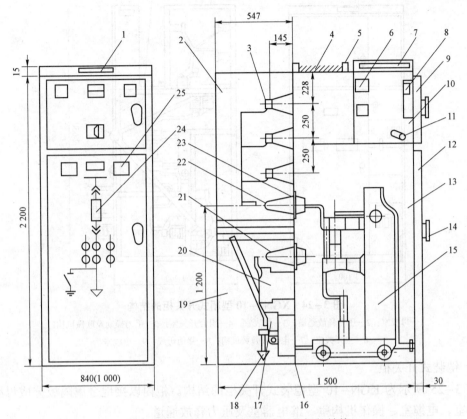

图 3-23 JYN3-10 型间隔式开关柜的结构

1—线路铭牌；2—主母线室；3—主母线；4—盖板；5—吊环；6—继电器；7—小母线室；
8—电能表；9—二次仪表门；10—二次仪表室；11—接线端子；12—手车门；13—手车室；
14—门锁；15—手车；16—接地主母线；17—接地开关；18—电缆；19—电缆室；
20—电流互感器；21—下静触头；22—上静触头；23—触电盒；
24——一次接线方案；25—观察窗

壳体用钢板和绝缘板分隔成手车室、母线室、电缆室和继电器及仪表室四个部分，壳体的前上部位是继电器及仪表室，下门内是手车室及断路器的排气通道，门上装有观察窗，底部左下侧为二次电缆进线孔，后上部为主母线室，下封板与接地开关有联锁，仪表板上面装有电压指示灯，当母线带电时灯亮，表示不能拆卸上封板。

4）箱式开关柜

图 3-24 所示为 XGN3-10 型箱式开关柜的结构。柜内分为断路器室、母线室、电缆室和继电器室，室与室之间用钢板隔开。断路器室在柜体下部，断路器的传动由拉杆和操动机构连接，断路器上接线端子与电流互感器连接，电流互感器与上隔离开关的接线端子连接，断路器下接线端子与下隔离开关的接线端子连接，断路器室还设有压力通道。开关柜为双面维护，前面检修断路器室的二次元件，维护操作机构、机械联锁及传动部分，检修断路器；后面维护主母线和电缆终端。在断路器室和电缆室内均装有照明灯。前方的下部设有与柜宽方向平行的接地铜母线。

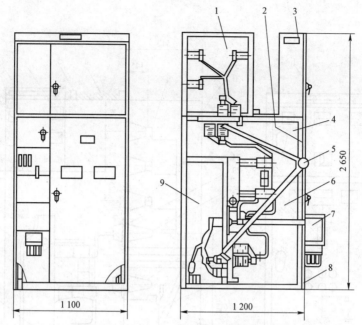

图 3-24 XGN3-10 型箱式开关柜的结构

1—母线室；2—压力释放通道；3—仪表室；4—组合开关室；5—手力操动及联锁机构；

6—主开关室；7—电磁或弹簧机构；8—接地母线；9—电缆室

5）铠装式开关柜

图 3-25 所示为 KGN-10 型铠装式开关柜的结构。柜内以接地金属隔板分成母线室、断路器室、电缆室、操作机构室、继电器室及压力释放通道。

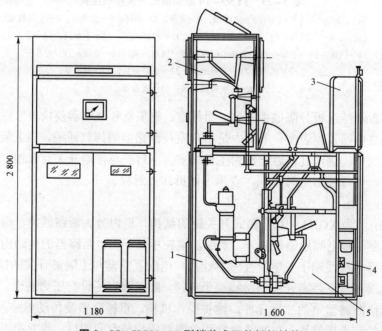

图 3-25 KGN-10 型铠装式开关柜的结构

1—断路器室；2—母线室；3—继电器室；4—操作机构室；5—电缆室

母线室在柜体后上部，带接地开关的隔离开关也装在这里，以便于和主母线进行电气连接。断路器室在柜体后下部，断路器传动机构通过上下拉缸和水平轴在电缆室与操作机构连接，并设压力释放通道，断路器灭弧时，气体可经过排气道将压力释放。

继电器室在柜体前上方，室内的安装板和端子排架可装各种继电器。门上可安装指示仪表、信号开关、操作开关等。

操作机构在柜前下部，内装操作机构、合闸接触器、熔断器及联锁板等机构，其门上装有主母线带电指示灯。

6）高压环网柜

高压环网柜是为了适应高压环形供电的要求而设计的一种专用开关柜。环网柜一般用于10 kV 环网供电、双电源供电和终端供电系统，也可用于箱式变电所的供电。高压环网柜主要采用负荷开关加熔断器的组合方式，由负荷开关实现正常的通断操作，而短路保护则由具有高分断能力的熔断器完成。当熔断器熔断并切除短路故障后，联锁装置会自动打开负荷开关。与采用断路器相比，这种负荷开关加熔断器的组合方式，当发生短路时的动作时间较短，且体积和质量都明显减少，价格也便宜很多，因而更为经济合理。对供电给较大容量变压器（如 1 250 kV·A 及以上）的环网柜，可改用断路器，并装设继电保护装置。环网柜在我国城市 10 kV 电网改造和小型变配电所中得到了广泛的应用。

新型的环网柜将负荷开关、隔离开关、接地开关的功能合并为一个三位置开关，它兼有导通、隔离和接地的三种功能，操作方便，并且减小了环网柜的体积。

3. 高压配电装置的运行

（1）操作人员要持有特种岗位操作证（高压进网证），且高压操作必须由 2 人进行，1 人操作，1 人监护。

（2）操作人员必须了解高压开关柜的状态和工作内容，熟悉所操作的高压开关柜的性能及操作方法，操作时要做好安全组织措施和安全技术措施，雷电时禁止倒闸操作。

（3）严禁对高压环网柜进行操作。

（4）对 SF_6 开关柜操作前应先检查 SF_6 的压力表指示是否在正常范围内（不低于 5 个大气压）。

（5）所使用的工具必须达到安全使用标准，操作前应检查绝缘手套、绝缘鞋、操作杆，如果有受潮、断裂、破损现象以及绝缘等级低于所要操作的电压，则禁止操作。

（6）严格按照操作顺序进行操作，停电顺序如下：

① 断开变压器低压侧所有负荷并记录。

② 断开高压变压器并确认机械闭锁装置已到位。

③ 合上接地刀闸，确认机械闭锁装置已到位。

④ 对变压器高、低压侧必须进行验电，确保已无电。

（7）送电操作顺序如下：

① 确认变压器低压侧所有负荷都处于断开状态。

② 断开接地刀闸，确认机械闭锁装置已断开。

③ 合上高压开关并确认机械闭锁装置已断开。

④ 合上变压器低压侧上一步操作中记录的断开的负荷。

（8）停电后应在高压开关柜上悬挂警示牌并上锁。

4. 高压配电装置的选择

选用高压开关柜时，要根据使用环境决定选用户内型还是户外型，根据开关柜数量的多少和对可靠性的要求，确定使用固定式还是手车式。固定式开关柜价格便宜些，但灵活性不如手车式。

对可靠性要求不过高，开关柜台数又较少的变电所，尽量选用固定式开关柜，以降低投资。要结合高压接线设计确定开关柜的一次方案，开关柜的一次方案可查阅相关电气手册。结合控制、计量、保护、信号等方面的要求，选择或自行设计二次接线。选定开关柜后，柜中主要部件要按使用条件（海拔高度、环境温度、相对湿度、日照、风速、日温差等）及短路情况进行校验。选定操作机构时，要结合变电所操作电源情况而定。有直流操作电源（硅整流、蓄电池等）处尽量采用电磁操作机构。

小型变电所采用手动操作机构比较简便，但开关柜的断流量要减弱很多。订购高压开关柜时应向厂家提供以下资料：

（1）高压开关柜型号、一次线路方案编号、变电所二次接线图及配用的操作机构。

（2）高压开关柜平面布置图。

（3）高压开关柜二次接线图和端子图，如选定二次接线标准图集中方案时，应注明方案号及控制回路电压。

（4）订货时要说明是否需要柜中的可变设备，并注明电流互感器的变比。

（5）如需要采用非标的一次、二次线路方案或委托生产厂家设计，可同厂家协商。

任务检查

按表 3-5 对任务完成情况进行检查记录。

表 3-5　任务完成情况检查记录表

项目名称：　　　　　　　　　　　　工作组名称：

姓名	任务	存在问题	解决办法	任务完成情况	检查人签字	备注

任务完成时间：　　　　　　　　　　组长签字：

项目评价

参照表 3-6 进行本项目的评价与总结。

表 3-6　项目考核评价表

考评方式	项目实施过程考评（满分 100 分）		
	知识技能素质达标考评（30 分）	任务完成情况考评（50 分）	总体评估（20 分）
考评员	主讲教师	主讲教师	教师与组长
考评标准	根据学生实践表现，按学生考勤情况、项目拓展练习完成情况、课堂纪律表现等计分	根据学生的项目各任务完成效果，结合总结报告情况进行考评	根据项目实施过程中学生的积极性、参与度与团队协作沟通能力等综合评价
考评成绩			
教师评语			
备注			

拓展练习

1. 高压隔离开关的作用是什么？高压隔离开与负荷开关有什么相同点和区别？

2. 高压断路器的作用是什么？其常见的故障有哪些？

3. 隔离电器一般用在哪些场合？

4. 在什么情况下断路器两侧需装设隔离开关？在什么情况下断路器可只在一侧装设隔离开关？

5. 何谓冶金效应？何谓限流式熔断器？

项目四　走进低压配电室

项目背景

低压配电室的作用是分配低压电能，包括功率因数调整、电压调整、电能计量等。其包括进线断路器、出线断路器、联系断路器、母线以及其他低压元件，如变频器、软启动器、接触器、各种保护设备、电流互感器、仪表。熟悉电力系统相关基本概念、工厂供配电系统的基本结构组成等基础知识，为今后从事电类专业技术工作奠定一定的基础。

学习目标

一、知识目标

1. 了解低压配电室相关知识。
2. 了解低压电气设备的运行与选择。
3. 掌握低压配电线路认识与选择。

二、能力目标

1. 能独立完成低压电气设备的选择。
2. 掌握低压电气设备的运行方式及运行状态。
3. 能认识低压配电线路，正确选择低压配电线路。

三、情感目标

1. 培养学生吃苦耐劳、踏实肯干的工作作风。
2. 培养学生良好的沟通技巧。
3. 养成边学边做、反思提升的职业习惯。

项目实施

任务 4.1　低压配电柜的认识

任务描述

图 4-1 所示为低压配电柜示意图，试分析并熟知低压配电室在电力系统中的地位和作用。

(a)　　　　　　　　　　　　　　　　　　(b)

图 4-1　低压配电柜示意图

（a）室内式；（b）室外式

任务分析

本任务主要是了解低压配电室，掌握低压配电室的具体结构和布置要求；能了解低压配电室内主要包含的电气设备。

知识学习

4.1.1　低压配电室的具体布置和结构要求

（1）根据低压开关的形式、外形尺寸、台数、靠墙还是离墙安装及操作维护通道宽度等因素确定低压配电室的布置方案，安装要求可参看《全国通用建筑标准设计·电气装置标准图集·变配电站常用设备构件安装》。

（2）低压配电屏布置在低压配电室内，必须保证各种通道的最小宽度，如低压配电室兼作值班室时，则放置值班人员工作桌的一面或一端，屏的正面或侧面离墙不得小于 3 m。

（3）低压配电屏的排列位置，要便于变压器的低压出线，其出线一般采用 LMY 型硬铝母线，近年也有采用封闭式母线的设计方案。

（4）低压电容器柜装设在低压配电室时，电容器柜可与低压屏并列。

（5）低压屏下面应设电缆沟，电缆沟应采取防水措施。

（6）低压配电室应有门直通值班室，朝值班室开或双向开启。

（7）低压配电室长度在 7 m 以上时，应设两个出口，并应尽量布置在低压配电室的两端。

（8）有人值班的低压配电室应尽量采用自然采光。寒冷地区应设采暖装置；炎热地区应采取隔热、通风等措施。

（9）低压配电室屋顶承重构件的耐火等级不应低于 2 级，其他部分不应低于 3 级。

4.1.2　低压配电室的作用

低压配电室的作用是分配低压电能，包括功率因数调整、电压调整、电能计量等。其包括进线断路器、出线断路器、联系断路器、母线以及其他低压元件，如变频器、软启动器、接触器、各种保护设备、电流互感器、仪表。

低压配电室指的是 10 kV 或 35 kV 站用变出线的 400 V 配电室。低压配电室是带有低压负荷的室内配电场所，主要为低压用户配送电能，设有中压进线（可有少量出线）、配电变压器和低压配电装置。

任务检查

按表 4-1 对任务完成情况进行检查记录。

表 4-1　任务完成情况检查记录表

项目名称：　　　　　　　　　工作组名称：

姓名	任务	存在问题	解决办法	任务完成情况	检查人签字	备注

任务完成时间：　　　　　　　　组长签字：

任务 4.2　低压电气设备的运行与选择

任务描述

在电力系统中，0.66 kV 以下的电压称为低压，而接触比较多的是三相四线制的 380/220 V，本书所讲的低压电气设备大多是指 380/220 V 电路中的电气设备，主要包括低压熔断器、低压刀开关、低压刀熔开关、低压断路器及低压配电屏等成套设备。

任务分析

本任务主要是了解低压电气设备，掌握低压电气设备的运行与选择。

知识学习

4.2.1　低压熔断器的认识与选择

1. 低压熔断器的特点

低压熔断器主要是实现低压配电系统的短路保护，有的也能实现过负荷保护。使用时，熔断器串联在被保护电路中。正常情况下，熔断器的熔体相当于一段导线，当电路发生短路故障时，熔体迅速熔断，将故障电路分离，从而保护电路和设备。其主要缺点是熔体熔断后必须更换，引起短时停电，保护特性和可靠性相对较差，在一般情况下，须与其他电器配合使用。

2. 低压熔断器的结构与类型

1）低压熔断器的结构

熔体是熔断器的核心，常做成丝状、片状或栅状，制作熔体的材料一般有铅锡合金、锌、铜、银等；熔管是熔体的保护外壳，用耐热绝缘材料制成，在熔体熔断时兼有灭弧作用；熔座是熔断器的底座，作用是固定熔管和外接引线。

2）低压熔断器的类型

低压熔断器的种类很多，有插入式（RC 型）、螺旋式（RL 型）、无填料封闭管式（RM 型）、有填料封闭管式（RT 型）及高分断能力的 NT 型等。

（1）RL1 型螺旋式熔断器。图 4-2 所示为 RL1 型熔断器的结构。其瓷质熔体装在瓷帽和磁底座之间，内装熔丝和熔断指示器并填充石英砂。其灭弧能力强，属于限流式熔断器，并且体积小、质量轻、价格低、使用方便、熔断指示明显，具有较高的分断能力和稳定的电流特性，因此被广泛地应用于 500 V 以下的低压动力干线和支线上。

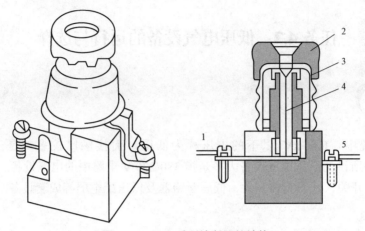

图 4-2　RL1 系列熔断器的结构

1—进线；2—瓷帽；3—熔断体；4—熔丝；5—出线

（2）RM10 型无填料封闭管式熔断器。RM10 型熔断器由纤维熔管、熔片、触刀、铜管帽、管夹等组成，如图 4-3 所示。RM10 型熔断器不能在短路冲击电流出现以前完全灭弧，因此属于非限流式熔断器，其结构简单、价格低廉、更换熔体方便。

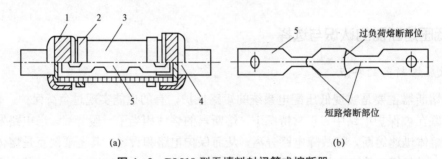

（a）　　　　　　　　　　　　　　　　（b）

图 4-3　RM10 型无填料封闭管式熔断器

（a）熔管；（b）熔片

1—铜管帽；2—管夹；3—纤维熔管；4—熔片；5—触刀

（3）RT0 型有填料封闭管式熔断器。如图 4-4 所示，RT0 型熔管内装有石英砂；熔体有变截面小孔和引燃栅，变截面小孔可使熔体在短路电流通过时熔断，将长弧分割为多段短弧；引燃栅具有等电位作用，使粗弧分细、电弧电流在石英砂中燃烧，形成狭沟灭弧。这种熔断器具有较强的灭弧能力，属于限流式熔断器。熔体还具有锡桥作用，利用冶金效应可使熔体在较小的短路电流和过负荷时熔断。熔体熔断后，其熔断指示灯弹出，以便于工作人员识别故障线路并进行处理。熔断后的熔体不能再用，须重新更换，更换时应采用绝缘拉手手柄进行操作。

RT0 型熔断器的保护性能好，断流能力强，因此被广泛应用于短路电流较大的低压网络和配电装置中，特别适用于重要的供电线路或断流能力要求高的场所，如电力变压器的低压侧主回路及靠近变压器场所出线端的供电线路。

（4）RZ1 型低压自复式熔断器。前面所讲的熔断器有一个共同缺点，即熔体熔断后必须更换熔体后方能恢复供电，从而使中断供电的时间延长，给供电系统和用电负荷造成一定的停电损失。自复式熔断器弥补了这一缺点，它既能切断短路主流，又能在短路故障消除后自动恢复供电，无须更换熔体。

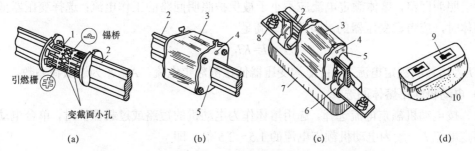

图4-4　RT0型有填料封闭管式熔断器的外形及内部结构

(a) 熔体；(b) 熔管；(c) 熔断器；(d) 绝缘拉手手柄

1—栅状铜熔体；2—刀形触头；3—瓷熔管；4—熔断指示器；5—端面盖板；6—弹性触座；

7—瓷底座；8—接线端子；9—扣眼；10—绝缘拉手手柄

3. 低压熔断器的运行

1）低压熔断器的主要参数

（1）额定电压：熔断器长期工作所能承受的电压。

（2）额定电流：可长时间通过熔断器的最大电流。

（3）分断能力：在规定的使用条件下，熔断器能分断的预期电流值。

（4）保护特性：在规定的条件下，流过熔体的额定电流与熔体熔断时间的关系曲线。

2）低压熔断器使用的注意事项

（1）熔断器的额定电压应不小于电源的额定电压，其额定分断能力应大于预期短路故障电流。

（2）安装时应保证接触良好，不使熔体受到机械损伤，并防止个别相接触不良。

（3）熔断器的周围环境温度与保护对象的周围环境温度尽可能一致，以免保护特性产生误差。

（4）换上新熔体时，其规格应与原来熔体的规格一致，不得任意加大或缩小规格，且必须在不带电的情况下更换熔体或熔管。

（5）为确保更换熔断器时的安全，尤其在需要带电更换时，应戴绝缘手套和护目镜，并站在绝缘垫上进行。

（6）在有爆炸危险和火灾危险的环境中，不得使用所产生的电弧可能与外界接触的熔断器。

4. 低压熔断器的选择

1）熔断器选择的总体标准

熔断器的额定电流应大于保护回路的工作电流；熔断器的额定电压应高于保护回路的工作电压；熔断器极限分断电流的能力应大于保护回路的短路电流冲击值。

2）熔体额定电流的选择

熔体的额定电流要小于或等于熔断器的额定电流。例如，额定电流为200 A的RM熔断器，可以配用额定电流为100 A、125 A、160 A、200 A四种规格的熔体，具体大小要根据被保护电路来决定。

对于照明回路，熔体额定电流应不小于被保护照明回路的工作电流；选择变压器低压出线的熔体时，应考虑变压器的过负荷，即满足

$$I=KI_N$$

式中，I 为熔体的额定电流，A；I_N 为变压器低压侧额定电流，A；K 为过负荷系数。

3）电动机回路熔体的选择

（1）按电动机额定电流选择。选用熔体作为电动机的短路或过载保护时，单台电动机的熔体额定电流 I 一般为电动机额定电流的 1.5～2.5 倍，即

$$I=(1.5\sim2.5)I_{MN}$$

多台电动机的总熔体额定电流，按下式选配熔体额定电流：

$I=(1.5\sim2.5)\times$ 最大一台电动机的额定电流 + 其他电动机的额定电流

（2）按电动机启动电流选择。单台笼型电动机全压启动时，熔体额定电流可按下式选配：

$$I=KI_{st}$$

式中，I 为熔体额定电流，A；I_{st} 为电动机启动电流，A；K 为熔体计算系数。

（3）多台电动机配电线路熔体额定电流可按下式选择：

$$I=KI_{max}+I_{c(n-1)}$$

式中，I 为熔体额定电流，A；I_{max} 为最大一台电动机启动电流，A；$I_{c(n-1)}$ 为除启动电流最大的一台电动机以外的线路计算电流，A；K 为计算系数。

4）熔体熔断能力的校验

一般熔体的熔断能力按两相短路电流周期分量校验，即

$$Km=\frac{I_K^{(2)}}{I_N}$$

式中，I_N 为熔体的额定电流，A；$I_K^{(2)}$ 为两相短路电流周期分量的有效值，A。

熔断器的极限分断能力应大于被保护线路三相短路电流周期分量的有效值，即

$$I_{1.f}\geqslant I_K^{(3)}$$

式中，$I_{1.f}$ 为熔断器极限分断能力，A；$I_K^{(3)}$ 为三相短路电流有效值，A。

4.2.2 低压刀开关的类型及运行

1. 低压刀开关的类型及运行

低压刀开关（QK）是一种最普通的低压开关电器，适用于交流 50 Hz、额定交流电压 380 V，直流电压 440 V、额定电流为 1 500 A 及以下的配电系统，用于不频繁手动接通和分断电路或作为隔离电源保证安全检修。

低压刀开关的种类很多，按用途分为单投和双投两种；按极数分为单极、双极和三极三种；按灭弧结构分为不带灭弧罩和带灭弧罩两种；按操作方式分为直接手柄操作和连杆操作两种。

不带灭弧罩的刀开关一般只能在无负荷下操作。由于刀开关断开后有明显可见的断开间隙，因此可用作隔离开关，这种刀开关也称为低压隔离开关。带有灭弧罩的刀开关（图4-5）能通断一定的负荷电流，能有效熄灭负荷电流产生的电弧。

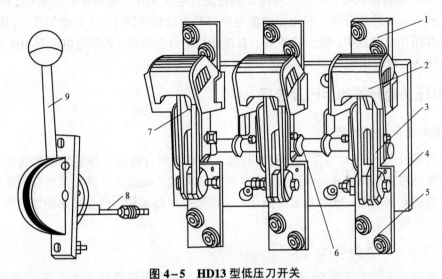

图4-5 HD13型低压刀开关

1—上接线端子；2—灭弧栅（灭弧罩）；3—刀闸；4—底座；5—下接线端子；

6—主轴；7—静触头；8—连杆；9—操作手柄

2. 低压刀熔开关的结构及运行

熔断器式刀开关具有刀开关和熔断器的双重功效，采用这种开关电器可以简化配电装置的结构，经济实用，广泛应在低压配电屏上。

低压熔断器式刀开关（QFS）又称低压刀熔开关，是一种由低压刀开关与低压熔断器相组合的开关电器。常见的HR3型刀熔开关就是将HD型刀开关的闸刀换以RT0型熔断器的具有刀形触头的熔断管，如图4-6所示。

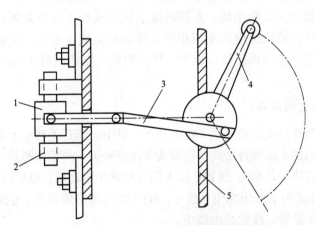

图4-6 HR3型低压刀熔开关的结构示意图

1—RT0型熔断器的熔断管；2—弹性触座；3—连杆；4—操作手柄；5—配电屏面板

HR3 系列刀熔开关适用于交流 50 Hz、额定交流电压 380 V、额定电流 600 A 的配电系统中作为短路保护和电缆、导线的过载保护。在正常情况下，可供不频繁地手动接通和断开正常负载电流与过载电流，在短路情况下，由熔断器分断电流。

HR6 系列熔断器式隔离开关主要用于额定交流电压 380 V 和 660 V（45～62 Hz），约定发热电流至 630 A 的具有高短路电流的配电电路和电动机电路中，作为电源开关、隔离开关、应急开关并用作电路保护，但一般不用于直接开闭单台电动机。其额定电流有 100 A、200 A、400 A、630 A，额定电压为 380 V。

4.2.3 低压负荷开关的运行及选择

1. 低压负荷开关的特点

低压负荷开关（QS）由低压刀开关与低压熔断器组合而成，外装封闭式铁壳或开启式胶盖。装铁壳的俗称铁壳开关，装胶盖的俗称胶壳开关。低压负荷开关具有带灭弧罩的刀开关和熔断器的双重功能，既可带负荷操作，又能进行短路保护，但是当熔断器熔断后，须更换熔体后方可恢复供电。

2. 低压负荷开关的运行

低压负荷开关用于交流 50 Hz、额定电压 660 V，直流额定电压 440 V、额定电流 1 600 A 的电路中。1 000 A 及以上只用作电气隔离，其余规格适用于电路的接通与分断或电气隔离，用于不频繁接通与分断的电路中。

开启式负荷开关可在额定电压交流 220 V、380 V，额定电流 15～60 A 的电路中用于不频繁的通、断电路及短路保护，在一定条件下也可用于过负荷保护。一般用于照明电路和功率小于 5.5 kW 的电动机控制线路中。用于照明和电热负载电路，负荷开关为两极式，额定电压为 250 V，额定电流不应小于电路所有额定电流之和；用于电动机直接启动、停止的工作电路中，负荷开关为三极式，额定电压为 380 V 或 500 V，额定电流不应小于电动机额定电流的 3 倍。

封闭式负荷开关适合在额定电压交流 220 V、380 V 或直流 440 V，额定电流 60～400 A 的电路中用于不频繁地通、断电路，尤其适用于抽出式低压成套装置，在一定条件下也可用于过负荷保护。开关的额定电压不应小于工作电路的额定电压，额定电流不应小于工作电路的额定电流，用于电动机工作电路时，开关的额定电流同样不应小于电动机额定电流的 3 倍。

3. 低压负荷开关的选择

HK1、HK2 系列开启式负荷开关（胶壳开关）用作电源开关和小容量电动机非频繁启动的操作开关；HK3、HK4 系列封闭式负荷开关（铁壳开关）的操作机构具有速断弹簧与机械联锁，用于非频繁启动、功率为 28 kW 以下的三相异步电动机；QA 系列、QF 系列、QSA（HH15）系列隔离开关用于低压配电系统中；HY122 为带有明显断口的数模化隔离开关，广泛用于楼层配电、计量箱、终端组电器中。

4.2.4 低压断路器的运行及选择

1. 低压断路器的特点

低压断路器（QF）俗称低压自动开关、自动空气开关或空气开关，是低压供配电系统中最主要的电气元件。它不仅能带负荷通断电路，而且能在短路、过负荷、欠电压或失电压的情况下自动跳闸，断开故障电路。低压断路器可在低压配电装置中作总开关和支路开关，也可用于电动机不频繁的启动控制。

2. 低压断路器的组成

低压断路器由脱扣器、触头系统、灭弧装置、传动机构、基架和外壳等部分组成。

3. 低压断路器的原理

低压断路器的结构和接线如图 4-7 所示。当电路上出现短路故障时，其过电流脱扣器动作，使断路器跳闸。出现过负荷时，串联在一次线路上的加热电阻加热，使断路器中的双金属片上弯，也使断路器跳闸。当线路电压严重下降或失压时，失压脱扣器动作，同样使断路器跳闸。如果按下脱扣按钮 9 或 10，使分励脱扣器 4 通电或失压脱扣器 5 失电，则可使断路器远距离跳闸。

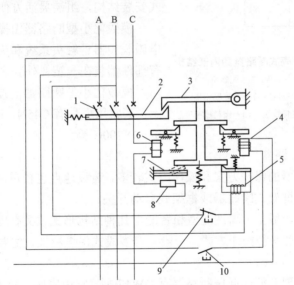

图 4-7 低压断路器的结构和接线

1—主触头；2—跳钩；3—锁扣；4—分励脱扣器；5—失压脱扣器；6—过电流脱扣器；
7—热脱扣器（双金属片）；8—加热电阻；9—脱扣按钮（常闭）；10—脱扣按钮（常开）

4. 低压断路器的分类

低压断路器种类很多，按其灭弧介质分为空气断路器和真空断路器等；按其用途分为配电断路器、电动机保护用断路器、照明用断路器和漏电保护断路器等；按其保护性能分为非选择型断路器、选择型断路器和智能型断路器等；按结构形式分为万能式（框架式）断路器和塑料外壳式（装置式）断路器两大类。在塑料外壳断路器中，有一种在现代各类建筑的

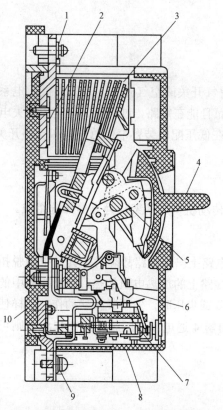

图 4-8 DZ20 型塑料外壳式断路器的内部结构

1—引入线接线端；2—主触头；3—灭弧室；
4—操作手柄；5—跳钩；6—锁扣；7—过流脱扣器；
8—塑料外壳；9—引出线接线端；10—塑料底座

低压配电线路终端广泛应用的模数化小型断路器，也有的将它另列一类。

1）塑料外壳式断路器

塑料外壳式断路器的操作方式多为手柄扳动式，其保护多为非选择型，用于低压分支电路中。其种类繁多，国产的典型型号如 DZ20 型，其内部结构如图 4-8 所示。

塑料外壳式低压断路器中有一类是 63 A 及以下的小型断路器。由于它具有模数化的结构和小型尺寸，因此通常称为模数化小型断路器。现已广泛应用在低压配电系统终端，作为各种工业和民用建筑，特别是住宅中照明线路及小型动力设备、家用电器等的通断控制及过负荷、短路和漏电保护等。

模数化小型断路器体积小，分断能力高，机电寿命长，具有模数化的结构尺寸和通用型卡轨式安装结构，组装灵活方便，安全性能好。

模数化小型断路器由操作机构、热脱扣器、电磁脱扣器、触头系统和灭弧室等部件组成，所有部件都装在一塑料外壳之内，如图 4-9 所示。

模数化小型断路器的原理结构如图 4-9 所示，其常用型号有 C45N、DZ23、DZ47、M、K、S、PX200C 等。

2）万能式低压断路器

万能式低压断路器的保护方案和操作方式较多，装设地点也较灵活。又由于它具备框架式结构，因此又称为框架式断路器或框架式自动开关。

万能式断路器有一般型、高性能型和智能型几种结构形式，又有固定式、抽屉式两种安装方式，有手动和电动两种操作方式，一般具有多段式保护特性，主要在低压配电系统中作为总开关和保护电器。

比较典型的一般型万能式低压断路器有 DW17 型，它由底座、触头系统、操作机构、短路保护的瞬时过电流脱扣器、过负荷保护的长延时过电流脱扣器、单相接地保护脱扣器及辅助触头等部分组成，其外形结构如图 4-10 所示。

DW16 型断路器可用手柄直接操作，也可通过杠杆手动操作，或者通过电磁铁、电动机进行电动操作。

DW16 型是我们过去普遍应用的 DW10 型的更新换代产品。为便于更换，DW16 型的底座安装尺寸、相间距离及触头系统等均与 DW10 型相同。DW16 型断路器可用于不要求有保护选择性的低压配电系统中作为控制保护电器。

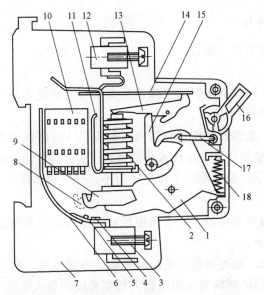

图4-9　模数化小型断路器的原理结构

1—动触头杆；2—瞬动电磁铁（电磁脱扣器）；3, 12—接线端子；4—主静触头；5—中线静触头；6, 11—弧角；

7—塑料外壳；8—中线动触头；9—主动触头；10—灭弧栅片（灭弧室）；13—锁扣；14—双金属片（热脱扣器）；

15—脱扣钩；16—操作手柄；17—连接杆；18—断路弹簧

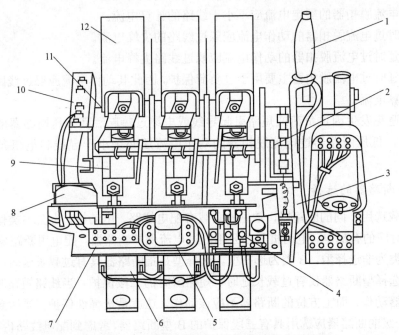

图4-10　DW16型万能式低压断路器的外形结构

1—操作手柄（带电动操作机构）；2—自由脱扣机构；3—欠电流脱扣器；4—热继电器；5—接地保护用小型电流继电器；

6—过负荷保护用过电流脱扣器；7—接线端子；8—分励脱扣器；9—短路保护用过电流脱扣器；10—辅助触头；

11—底座；12—灭弧罩（内有主触头）

5. 低压断路器的运行

1）低压断路器的主要技术参数

（1）额定电压。

① 额定工作电压。断路器的额定工作电压是指与通断能力及使用类别相关的电压值。对多相电路来说是指相间的电压值。

② 额定绝缘电压。断路器的额定绝缘电压是指设计断路器的电压值，电气间隙和爬电距离应参照此值而定。除非型号产品技术文件另有规定，额定绝缘电压是断路器的最大额定工作电压。在任何情况下，最大额定工作电压应不超过绝缘电压。

（2）额定电流。

① 断路器壳架等级额定电流。该电流用尺寸和结构相同的框架或塑料外壳中能装入的最大脱扣器额定电流表示。

② 断路器额定电流。断路器额定电流就是额定持续电流，也就是脱扣器能长期通过的电流，对带可调式脱扣器的断路器来说是指可长期通过的最大电流。

（3）额定短路分析能力。

断路器在规定条件下所能分断的最大短路电流值。

2）断路器的使用注意事项

（1）低压断路器的额定电压不应低于所在线路的额定电压。

（2）过电流脱扣器的额定电流应不小于线路的计算电流。

（3）瞬时过电流脱扣器的动作电流应躲过线路的尖峰电流。

（4）短延时过电流脱扣器的动作电流应躲过线路尖峰电流。

（5）长延时过电流脱扣器主要用于过负荷保护，因此其动作电流应躲过线路的最大负荷电流，即计算电流。

（6）为避免发生因过负荷或短路引起导线或电缆过热起燃而低压断路器的脱扣器仍不动作的事故，低压断路器过电流脱扣器的动作电流还必须小于导线和电缆允许载流量的0.8～1倍。

6. 低压断路器的选择

不同负载选用不同的断路器，常见的负载有配电线路、电动机、办公与类似办公用三大类，与此相对应的有配电、电动机和办公用的过电流保护断路器。配电用断路器有 A 类和 B 类之分，A 类为非选择型，B 类为选择型。选择型是指断路器具有过载长延时、短路短延时特性，而非选择型断路器仅有过载长延时、短路瞬时的二段保护。当线路短路时，只有靠近该点的断路器动作，而上方位的断路器不应该动作，这就是选择性保护。要达到选择性保护的要求，上一级的断路器应选用具有三段保护的 B 型断路器，考虑到配电线路内有电动机群，由于电动机仅是其负载的一部分，且一群电动机不会同时启动，故选择断路器时可只考虑线路额定电流。

（1）DZ10 系列塑壳断路器适用于交流 50 Hz、380 V 或直流 220 V 及以下的配电线路，用于分配电能和保护线路及电源设备的过载、欠电压和短路，以及在正常工作条件下不频繁分断和接通线路。

（2）H 系列塑壳断路器适用交流 50 Hz 或 60 Hz、380 V，直流 250 V 及以下的配电线路中，用于分配电能和线路电源设备的过载、欠电压和短路保护，以及在正常工作下作为线路的的不频繁转换。

（3）DW15 系列万能式空气断路器适用于交流 50 Hz、额定电流至 4 000 A，额定工作电压至 1 140 V（壳架等级额定电流 630 A 以下）或 80 V（壳架等级额定电流 1 000 A 及以上）的配电网络中，用于分配电能和供电线路及电源设备的过载、欠电压、短路保护。壳架等级额定电流 630 A 及以下的断路器也能在交流 50 Hz、380 V 网络中用于电动机的过载、欠电压和短路保护。

断路器在正常条件下可作为线路的不频繁转换，壳架等级额定电流 630 A 及以下的断路器在正常条件下也可用于电动机的不频繁启动。

4.2.5 低压配电屏的运行与选择

1. 低压配电屏的概念

低压成套配电装置一般称为低压配电屏，它是将低压电路所需要的开关设备、测量仪表和辅助设备，按一定的接线方案安装在金属柜内构成的一种组合式电气设备，用来进行控制、保护、分配和监视等，起到低压配电的作用。低压配电屏接在用电设备之前。

低压配电屏包括电压等级 1 kV 以下的开关柜、动力配电柜、照明配电箱、控制（台）、直流配电屏及补偿成套装置，这些设备作为动力、照明配电及补偿之用。

2. 低压配电屏的类型

低压配电屏按其结构形式分为固定式、抽屉式和组合式等类型。

我国原来应用最广的固定式低压配电屏为 PGL1 型和 PGL2 型，但它们以往使用的电气元件如 DW10、DZ10 等低压断路器，限于其性能指标，只能满足变压器容量 1 000 kV·A 及以下的低压配电屏，改用 ME 型低压断路器及新型电器，从而使之可用于变压器容量达 2 000 kV·A、额定电流达 3 150 A、分段能力达 50 kA 的低压配电系统中。

目前应用的抽屉式低压配电屏主要有 BFC、GCL、GCK、GCS、GHT1 型等，可用作动力中心和电动机控制中心。

组合式低压配电屏有 GZL1、GZL2、GZL3 型及引进国外技术生产的多米诺、科必可等型，它们采用模数化组合结构，标准化程度高、通用性强，柜体外形美观而且安装灵活方便。

3. 低压配电屏的运行

1）低压配电屏的操作规程

（1）低压配电屏安装好后，通电前必须检查螺栓是否上紧；排上或电气元件上不能有金属件或杂物；配电屏必须放置在清洁干燥的环境里。

（2）通电时必须先把进出线屏空气开关、刀开关置于断开位置，先合上进线屏刀开关，使红色指示灯指向右上角合闸位置并确定开关完全吻合（打开后门检查刀开关动、静触头，必须接触良好）。

（3）电压表指示正确，然后操作进线主空气开关。

2）低压配电屏的安装

（1）为方便检查和维修，配电屏前后、左右应留有通道，屏前为 1.5 m，屏后、屏侧为 1.0 m，通道上不准堆放杂物。

（2）安装要牢固，屏架与地面垂直，操作时不能有明显晃动。

（3）各电气连接点应紧固，连接螺栓应采用镀锌标准件，并加装弹簧垫，保证可靠连接。

（4）配电屏所用电器应按所控制的设备容量和负荷情况合理选择，并使用合格产品，严禁使用伪劣低压产品。

（5）如果配电屏的引入、引出线采用的是铜芯绝缘导线，应使用铜过渡线夹，保证接触良好。

（6）配电屏的金属框架应可靠接地。

3）低压配电屏的检查

（1）配电屏上的指示仪表和信号灯应保持完好，指示正确，若损坏应按原规格及时更换。

（2）检查配电屏主电路的主控设备（如刀开关、接触器等）的操作机构是否灵活可靠，三相分合闸是否同期，灭弧装置是否完好，触头有无烧蚀现象，应及时更换损坏的电气设备。

（3）检查配电屏的电气连接部位有无松动、过热变色和烧坏现象，如有须查明原因并及时处理。

（4）观察配电屏指示仪表，看三相电压是否相同，三相负荷是否平衡，如果三相负荷的不平衡度超过 20%，应做好调荷工作。

（5）熔断器的熔体应与实际负荷相匹配，经常检查熔丝有无烧损情况，及时更换烧损的熔丝。

（6）负荷高峰期应加强巡视，检查的重点是变压器是否过负荷，各连接点是否发热严重，必要时须停用部分设备。

（7）线路和设备发生事故后，应重点检查熔断器和其他保护设备的动作情况，查明事故范围内的设备有无烧伤和损坏情况。

（8）雷雨季节应检查配电室有无漏水现象，电线电缆沟是否进水，瓷瓶绝缘有无闪络放电现象。

（9）检查配电屏二次回路导线的绝缘是否破损，二次回路工作是否正常。

（10）每年至少遥测绝缘电阻 2 次，母线间绝缘电阻不应低于 100 MΩ，开关、刀闸、接触器、互感器的绝缘电阻不应低于 10 MΩ，二次回路的对地绝缘电阻不应低于 2 MΩ。

（11）对装有漏电保护器的低压配电屏，应每天对漏电保护器试跳 1 次，若发现失灵，应及时处理，以保证人身安全。

（12）定期清扫配电屏上的灰尘，保持配电室内外卫生。

4）低压配电装置的运行与维修

（1）对低压配电装置的有关设备，应定期清扫，用兆欧表测量母线、断路器、接触器、互感器的绝缘电阻和二次回路的对地绝缘电阻，以上数值均应符合规程要求。

（2）低压断路器故障跳闸后，只有查明并消除跳闸原因后，才能再次合闸运行，注意检查触头和灭弧罩是否合格。

（3）对频繁操作的交流接触器，每 3 个月检查三相触头是否同时闭合或分断，灭弧罩是否完好，用兆欧表测量相间绝缘电阻，并定期校验交流接触器的吸引线圈。在线路电压为额定电压的 85%～105%时吸引线圈应可靠吸合，而电压低于额定值的 40%时应可靠释放。

（4）经常检查熔断器的熔体与实际负荷是否相匹配，各连接点接触是否良好，有无烧损现象。

（5）定期检查铁壳开关的机械闭锁是否正常，速动弹簧是否锈蚀、变形。

（6）定期检查三相瓷底胶盖开关的刀闸是否符合要求。

4. 低压配电屏的选择

1）PGL 型低压配电屏

PGL 型低压配电屏适于在发电厂、变电站和厂矿企业的交流 50 Hz、额定工作电压不超过 380 V 的低压配电系统中用于动力、配电和照明，用于户内安装的低压配电屏。

PGL 型低压配电屏的结构形式为户内开启式、双面维护（离墙安装），屏架用钢板和角钢焊接而成。屏的前面有门，上方有仪表板（实际也是一个小门），供安装仪表用。组合屏的始、终端屏上还可以增设防护侧板。母线在骨架上部立式安装，上有防护罩。

PGL 型低压配电屏主要有 PGL-1 型和 PGL-2 型两种，其中 PGL-1 型分断能力为 15 kA，PGL-2 型分断能力为 30 kA。

在电气元件的选用方面，PGL1 型屏的主开关电器仍选用 DW10、DZ10 型断路器，HD13 和 HS13 型刀开关，RT0 型熔断器和 CJ12 型接触器等电气元件；辅助电路保护元件则改用圆柱形有填料高分断能力的 GF1 型熔断器。PGL2 型屏的主开关电器改用 DW15 型断路器和 DZX10 型限流断路器；辅助电路也采用了 GF1 型熔断器。GF1、DW15 和 DZX10 等元件的采用，有利于保证和提高配电屏的分断能力。

2）BFC 型低压配电屏

BFC 型低压配电屏又称配电中心，而专门用来控制电动机的则称为电动机控制中心，它主要在工矿企业和变电站用于动力配电、照明配电和控制，额定频率为 50～60 Hz，额定电压不超过 500 V。这类配电屏采用封闭式结构，离墙安装，元件装配方式有固定式、抽屉式和手车式几种。

3）GGL 型低压配电屏

GGL 型低压配电屏为组装式结构，全封闭形式，内部选用新型的电气元件，母线按三相五线配置。此种配电屏具有分断能力强、动稳定性好、维修方便等优点，主要在发电厂、变电所及厂矿企业交流 380 V、50 Hz 的低压配电系统中用于动力、配电和照明。

4）GCL 系列动力中心

GCL 系列动力中心适用于变电所、工矿企业大容量动力配电和照明配电，也可用于电动机的直接控制。其结构形式为组装式全封闭结构，每个功能单元（回路）均为抽屉式，由隔板分开，可以防止事故扩大。主断路器导轨与柜门有机械联锁，可防止误入有电间隔，保证人身安全。

5）GCK 系列电动机控制中心

GCK 系列电动机控制中心是一种工矿企业动力配电、照明配电与电动机控制用的新型低压配电装置。根据功能特征分为 JX 型（进线型）和 KD 型（馈线型）两类，均为全封闭功能单元独立式结构。这种控制中心保护设备完善，保护特性好，所有功能单元均可通过接口与可编程序控制器或微处理机连接，作为自动控制系统的执行单元。

6）GGD 型交流低压配电柜

GGD 型交流低压配电柜是按安全、经济、合理、可靠的原则设计的新型低压配电柜，具有分断能力高，动热稳定性好，电气方案灵活，组合方便，系列性、实用性强，结构新颖，防护等级高等特点，可作为低压成套开关设备的更新换代产品。其构架采用冷弯型钢材局部焊接拼装而成，主母线列在柜的上部后方，柜门采用整门或双门结构，柜体后面采用对称式双门结构，柜门采用镀锌转轴式铰链与构架相连，安装、拆卸方便。柜门的安装件与构架间有完整的接地保护电路。

4.2.6 动力和照明配电箱

动力和照明配电箱主要用于低压配电系统的终端，直接对用电设备配电、控制和保护。动力配电箱主要对动力设备配电，但也可向照明设备配电；照明配电箱主要用于照明配电，但也可对一些小容量的动力设备和家用电器配电。

动力和照明配电箱的类型很多。按其安装方式分为靠墙式、挂墙（明装）式和嵌入式。靠墙式是靠墙落地安装，挂墙（明装）式是明装在墙面上，嵌入式是嵌入墙内安装。

现在应用的新型配电箱，一般都采用模数化小型断路器等元件进行组合。例如，DYX（R）型多用途配电箱。可以在工业和民用建筑中用于低压动力和照明配电，具有 XL-3、XL-10、XL-20 等型动力配电箱和 XM-4、XM-7 等型照明配电箱的功能。它又分Ⅰ型、Ⅱ型和Ⅲ型。Ⅰ型为插座箱，装有三相或单相的各种 DZ47X 型暗式插座，如图 4-11 所示；Ⅱ型为照明配电箱，箱内装有 DZ47 等模数化小型断路器，如图 4-12 所示；Ⅲ型为动力照明多用配电箱，箱内安装电气元件更多，应用范围更广，如图 4-13 所示。

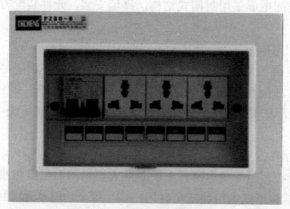

图 4-11 DYX（R）型多用途配电箱——插座箱

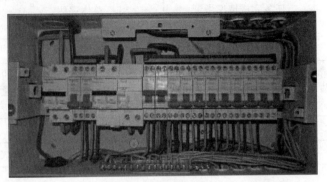

图 4-12　DYX（R）型多用途配电箱——照明箱

图 4-13　DYX（R）型多用途配电箱
——动力照明配电箱

任务检查

按表 4-2 对任务完成情况进行检查记录。

表 4-2　任务完成情况检查记录表

项目名称：　　　　　　　　　　工作组名称：

姓名	任务	存在问题	解决办法	任务完成情况	检查人签字	备注

任务完成时间：　　　　　　　　　组长签字：

项目评价

参照表 4-3 进行本项目的评价与总结。

表4-3 项目考核评价表

考评方式	项目实施过程考评（满分100分）		
	知识技能素质达标考评（30分）	任务完成情况考评（50分）	总体评估（20分）
考评员	主讲教师	主讲教师	教师与组长
考评标准	根据学生实践表现，按学生考勤情况、项目拓展练习完成情况、课堂纪律表现等计分	根据学生的项目各任务完成效果，结合总结报告情况进行考评	根据项目实施过程中学生的积极性、参与度与团队协作沟通能力等综合评价
考评成绩			
教师评语			
备注			

拓展练习

1. 低压断路器有哪些功能？低压断路器的电压参数和电流参数有哪些？

2. 低压成套装置包括哪些类型？

3. 在设计车间配电系统过程中，应考虑哪些因素？

项目五　二次回路的识读与运行

　　随着电子技术、微机技术、通信技术的广泛应用，单位供配电系统的二次回路和自动装置已发生了革命性的变革，在电力运行和安全中变得越来越重要。近 10 年来我国没有发生大电网稳定破坏、大面积停电事故，这标志着我国供配电系统的二次回路和自动装置已达到国际先进水平。

　　供配电系统的二次回路是实现供配电系统安全、经济、稳定运行的重要保障。随着变配电所自动化水平的提高，二次回路将起到越来越大的作用。供配电系统中的二次回路是以二次回路接线图形式绘制的，为现场技术工作人员对电气设备的安装、调试、检验、试验、查线等提供重要的技术资料。

学习目标

一、知识目标

1. 了解二次回路直流操作电源、交流操作电源的类型与作用。
2. 掌握断路器控制和信号回路的基本要求与工作原理；熟悉中央信号回路的作用。
3. 掌握备用电源自动投入装置的作用、组成和基本要求。

二、能力目标

1. 能识读二次回路线路图。
2. 会分析断路器分合闸线路工作原理。
3. 会分析定时限和反时限继电保护线路工作原理。
4. 会使用继电保护系统中的常用继电器。

三、情感目标

1. 提高分析问题、解决问题的意识。
2. 培养学生爱岗敬业与团队合作的基本素质。
3. 培养学生查阅工程手册的行为素质。

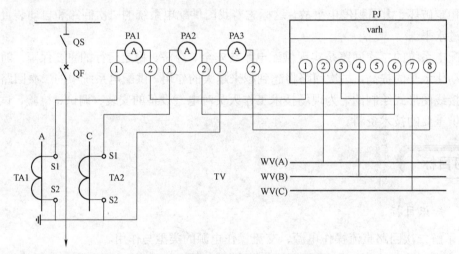

项目实施

任务 5.1　二次回路的识读

任务描述

某供电高压并联电容器组的线路上，装有一只无功电能表和三只电流表，其原理电路图如图 5-1 所示。试按中断线表示法（即相对标号法）在图 5-2 所示仪表端子出线处和对应的端子排端子上进行标号。

图 5-1　某供电高压并联电容器组图

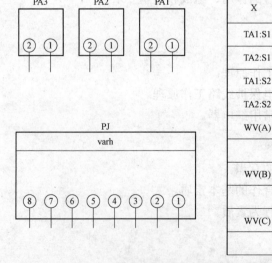

X	端子排	
TA1:S1	1	
TA2:S1	2	
TA1:S2	3	
TA2:S2	4	
WV(A)	5	
	6	
WV(B)	7	
	8	
WV(C)	9	
	10	

图 5-2　端子出线处和端子排表

任务分析

二次回路绘制时具有一定的规律性，识读时必须按照规律进行，比如在安装接线图上，一般采用相对编号法。识读前先弄懂所标电气符号的含义，电气元件的动作原理、功能，读图的顺序，回路编号的原则细则、基本方法等。

知识学习

5.1.1　二次回路的概述

二次回路是指用来控制、指示、监测和保护一次电路运行的电路，亦称二次系统。二次回路可反映一次系统的工作状态及控制、调整一次设备，当一次系统发生事故时，能够立即动作，使故障部分退出运行，如图 5-3 所示。

二次回路按照功能可分为断路器控制（操作）回路、信号回路、测量和监视回路、继电保护回路、自动装置回路等；按照电源性质分为直流回路、交流回路。二次回路的操作电源提供高压断路器分、合闸回路以及继电保护和自动装置，信号回路，监测系统及其他二次回路所需的电源。因此对操作电源的可靠性要求很高，容量要求足够大，应尽可能不受供电系统运行的影响。

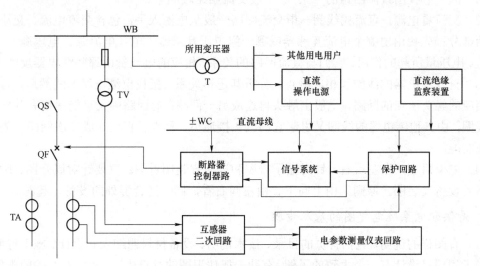

图 5-3　供配电系统的二次回路功能示意图

图 5-3 中，断路器控制回路的主要功能是对断路器进行通、断操作，当线路发生短路故障时，电流互感器二次回路有较大的电流，相应的继电保护电流继电器动作，保护回路做出相对应的动作，即一方面保护回路出口继电器接通断路器控制回路的跳闸线圈，使断路器跳闸，启动信号回路发出声响和灯光信号；另一方面保护回路中相应的故障信号继电器向信号回路发出信号，如光字牌、信号掉牌等。操作电源向二次回路提供所需要的电源。互感器

二次回路还向绝缘监察装置、电参数测量仪表回路提供主电路的电流和电压参数。

反映二次接线间关系的图称为二次回路图。二次回路的接线图按用途可分为原理接线图、展开接线图和安装接线图三种形式。

二次回路原理图主要用来表示继电保护、断路器控制、信号等回路的工作原理。在该图中，一、二次回路画在一起，继电器线圈与其触点画在一起，有利于叙述工作原理，但由于导线交叉太多，它的应用受到一定的限制。二次回路原理展开图将二次回路中的交流回路与直流回路分开来画。交流回路分为电流回路和电压回路，直流回路分为直流操作回路与信号回路。在展开图中继电器线圈和触点分别画在相应的回路中，用规定的图形和文字符号表示。在展开图的右侧有回路文字说明，方便阅读。二次回路安装接线图画出了二次回路中各设备的安装位置及控制电缆和二次回路的连接方式，是现场施工安装、维护必不可少的图纸。

二次回路原理图或原理展开图通常是按功能电路（如控制回路、保护回路、信号回路）来绘制的，而安装接线图是以设备（如开关柜、继电器屏、信号屏）为对象绘制的。

5.1.2　二次回路图的阅读方法

二次回路图在绘制时遵循着一定的规律，看图时首先应清楚电路图的工作原理、功能以及图纸上所标符号代表的设备名称，然后再看图纸。

1. 看图的基本要领

（1）先交流，后直流。指先看二次接线图的交流回路，以及电气量变化的特点，再由交流量的"因"查找出直流回路的"果"。一般交流回路较简单。

（2）交流看电源，直流找线圈。指交流回路一般从电源入手，包含交流电流、交流电压回路两部分；先找出由哪个电流互感器或哪一组电压互感器供电（电流源、电压源），变换的电流、电压量所起的作用，它们与直流回路的关系、相应的电气量由哪些继电器反映出来。

（3）查找继电器的线圈和相应触点，分析其逻辑关系。指找出继电器的线圈后，再找出与其相应的触头所在的回路，一般由触头再连成另一回路；此回路中又可能串接有其他的继电器线圈，由其他继电器的线圈又引起它的触头接通另一回路，直至完成二次回路预先设置的逻辑功能。

（4）先上后下，先左后右，针对端子排图和屏后安装图看图。主要针对展开图、端子排图及屏后设备安装图。原则上由上向下、由左向右看，同时结合屏外的设备一起看。

2. 看供配电系统电气图的基本步骤

（1）看图样的说明。包括首页的目录、技术说明、设备材料明细表和设计、施工说明书。由此对工程项目设计有一个大致的了解，有助于抓住识图的重点内容。然后看有关的电气图。看图的步骤一般是：从标题栏、技术说明到图形、元件明细表，从整体到局部，从电源到负载，从主电路到副电路（二次回路等）。

（2）看电气原理图。在看电气原理图时，先要分清主电路和副电路、交流电路和直流电路，再按照先主电路、后副电路的顺序读图。

看主电路时，一般是从上到下即由电源经开关设备及导线负载方向看；看副电路时，则是由电源开始依次看各个电路，分析各副电路对主电路的控制、保护、测量、指示功能。

（3）看安装接线电路图。

看安装电路图总的原则：先看主电路，再看副电路。在看主电路时是从电源引入端开始，经过开关设备、线路到用电设备；在看副电路时，也是从电源出发，按照元件连接顺序依次对回路进行分析。

安装接线电路图是由接线原理图绘制的，因此，看安装接线电路图时，要结合接线原理对照起来阅读。此外，对回路标号、端子板上内外电路的连接的分析，对识图也是有一定帮助的。

（4）看展开接线图。看展开接线图时应该结合电气原理图进行阅读，一般先从展开回路名称，然后从上到下，从左到右。要特别注意的是：在展开图中，同一种电气元件的各部件是按照功能分别画在不同回路中的（同一电气元件的各个部件均标注统一项目代号，器件项目代号通常是由文字符号和数字编号组成），因此，读图时要注意这种元件各个部件动作之间的关系。

同样要指出的是，一些展开图中的回路在分析其功能时往往不一定是按照从左到右、从上到下的顺序动作的，可能是交叉的。

（5）看平面、剖面布置图。看电气图时，要先了解土建、管道等相关图样，然后看电气设备的位置，由投影关系详细分析各设备位置具体位置尺寸，并搞清楚各电气设备之间的相互连接关系，线路引出、引入走向等。

5.1.3 二次回路图的标志方法

1. 展开图中回路编号

对展开图进行编号可以方便维修人员进行检查以及正确地连接，根据展开图中回路的不同，如电流、电压、交流、直流等，回路的编号也进行相应的分类。编号原则：

（1）回路的编号由 3 个或 3 个以内的数字构成。对交流回路要加注 A、B、C、N 符号区分相别，对不同用途的回路都规定了编号的数字范围，各回路的编号要在相应数字范围内。

（2）二次回路的编号应根据等电位原则进行。即在电气回路中，连接在一起的导线属于同一电位，应采用同一编号。如果回路经继电器线圈或开关触点等隔离开，应视为两端不再是等电位，要进行不同的编号。

（3）展开图中小母线用粗线条表示，并按规定标注文字符号或数字编号。

2. 安装图设备的标志编号

二次回路中的设备都是从属于某些一次设备或一次线路的，为对不同回路的二次设备加以区别，避免混淆，所有的二次设备必须标以规定的项目种类代号。

例如：某高压线路的测量仪表，本身的种类代号为 P，现有有功功率表、无功功率表和电流表，它们的代号分别为 P1、P2、P3。而这些仪表又从属于某一线路，线路的种类代号为 W6，设无功功率表 P2 是属于线路 W6 上使用的，由此无功功率表的项目种类代号全称应为"−W6−P2"，这里的"−"是种类的前缀符号。又设这条线路 W6 又是 8 号开关柜内的线路，而开关柜的种类代号规定为 A，因此该无功功率表的项目种类代号全称为"＝A－W6－P2"，这里的"＝"号是高层的前缀符号，高层是指系统或设备中较高层次的项目。

3. 连接导线的表示方法

安装接线图既要表示各设备的安装位置，又要表示各设备间的连接，如果直接绘出这些连接线，将使图纸上的线条难以辨认，因而一般在安装图上表示导线的连接关系时，只在各设备的端子处标明导线的去向。

标志的方法是在两个设备连接的端子出线处互相标以对方的端子号，这种标注方法称为"相对标号法"。如 X1、P3 两台设备，现 X1 设备的 3 号端子要与 P3 设备的 1 号端子相连，标志方法如图 5–4 所示。

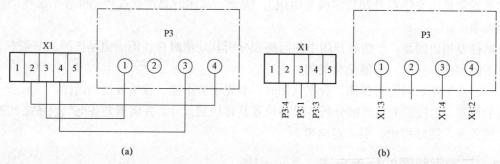

图 5–4　相对标号法标志方法

任务检查

按表 5–1 对任务完成情况进行检查记录。

表 5–1　任务完成情况检查记录表

项目名称：　　　　　　　　工作组名称：

姓名	任务	存在问题	解决办法	任务完成情况	检查人签字	备注

任务完成时间：　　　　　　　　组长签字：

任务 5.2　高压断路器的控制

任务要求

故障设备：某 10 kV 高压开关柜。

故障现象：在合闸操作过程中，出现不能电动合闸的故障现象。

请进行故障原因诊断分析，并进行故障处理。

任务分析

发电机、变压器、高压输电线路、电抗器、电容器等多种电气设备的投运或停运是由相连断路器的合闸或分闸来实现的。高压断路器又称为高压开关，是电力系统操作频繁的设备，也是电力系统中最重要的控制电气设备。发电厂和变电所中的断路器，大部分不是直接在断路器操动机构上操作的，而是采取与操作回路配合使用。本任务需进行故障诊断分析，方能找出故障原因，从而进行相应的处置。

知识学习

5.2.1　操作电源

操作电源是变电所中给各种控制、信号、保护、自动、远动装置等供电的电源。操作电源主要有交流和直流两大类。直流操作电源主要有蓄电池直流电源和硅整流电源两种。对采用交流操作的断路器应采用交流操作电源。交流操作电源有电压互感器、电流互感器和所用变压器。操作电源供电应十分可靠，它应保证在正常和故障情况下都不间断供电。除一些小型变（配）电所采用交流操作电源外，一般变电所均采用直流操作电源。

1. 直流操作电源

直流操作电源有蓄电池直流电源和硅整流电源两种。蓄电池直流电源有铅酸蓄电池和镉镍蓄电池两种；硅整流直流电源又分为复式整流电源、具有储能电容器的整流电源和具有镉镍蓄电池的整流电源三种。

1）蓄电池直流操作电源

采用铅酸蓄电池组作操作电源，工作可靠；但由于充电时要排出氢和氧的混合气体，有爆炸危险，而且随着气体带出硫酸蒸气，有强腐蚀性，一般工厂供电系统中不予采用。采用镉镍蓄电池组作操作电源，除了工作可靠外，其大电流放电性能好，比功率大，机械强度高，使用寿命长，腐蚀性小，无须专用房间来装设，因此应用比较普遍。

蓄电池组直流操作电源是独立可靠的直流电源。它不受交流电源的影响，即使全所停电，仍可保证连续可靠地供电，而且电压质量好，容量也大，能满足复杂的继电保护和自动装置的要求以及事故照明的需要。但其价格较整流型直流操作电源高，一般用在可靠性要求较高的变电所中。

2）硅整流直流操作电源

硅整流直流操作电源在变电所应用较广。按断路器操动机构的要求有电容器储能（电磁操作）和电动机储能（弹簧操作）等。本项目主要介绍电容器储能硅整流直流操作电源。

图5-5中，C_1、C_2储能电容器，WC为控制小母线，WF为闪光信号小母线，WO为合闸小母线。硅整流器U1主要用作断路器合闸电源，并可向控制、信号和保护回路供电。硅整流器U2的容量较小，仅向控制、信号和保护回路供电（由二极管VD1、VD2、VD3起作用）。

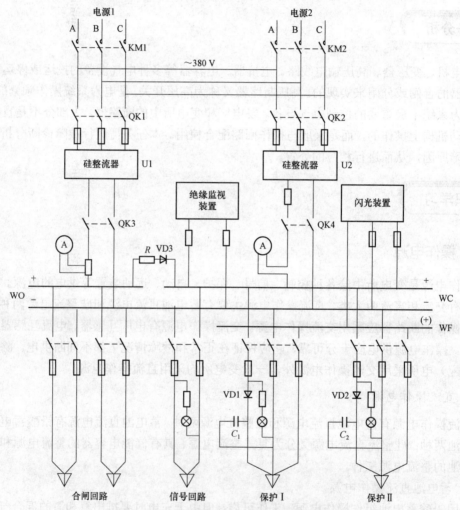

图5-5 具有储能中容器的硅整流直流系统

单独采用硅整流器作直流操作电源，在交流供电系统电压降低或电压消失时，将严重影响直流系统的正常工作，因此宜采用有电容储能的硅整流电源，在交流供电系统电压降低或消失时，由储能电容器对继电保护和跳闸回路供电，使其正常动作。

硅整流装置的电源来自所用变低压母线，一般设一路电源进线，但为了保证直流操作电源的可靠性，可以采用两路电源和两台硅整流装置。整流装置 U1 容量大（一般为三相桥式），用于合闸回路，作断路器的合闸电源，也兼向控制和信号回路供电。整流装置 U2 容量较小（一般为单相桥式），只供给控制和信号回路电源。正常时两台硅整流装置同时工作，为了防止在合闸操作或合闸回路短路时，大电流使硅整流器 U2 损坏，在合闸母线与控制母线之间装设了逆止二极管 VD3。电阻 R 用于限制控制回路短路时通过逆止二极管 VD3 的电流，起保护 VD3 的作用。限流电阻 R 的阻值不宜过小和过大，既保证在熔断器熔断前不烧坏 VD3，又不使在控制母线最大负荷时其上的压降超过额定电压的15%。一般 R 的阻值为5～10 Ω，额定电流不小于 20 A。

在直流小母线上还接有绝缘监察装置和闪光装置，绝缘监察装置采用电桥结构，用以监测正负小母线或直流回路的绝缘电阻。当某一小母线对地绝缘电阻降低时，电桥不平衡，检测继电器有足够的电流通过，继电器动作，发出信号。闪光装置主要提供闪光电源，其工作原理如图 5-6 所示。

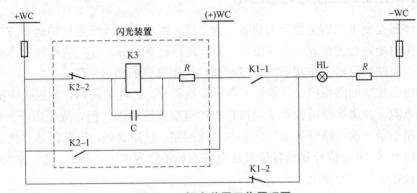

图 5-6 闪光装置工作原理图

工作正常时（+）WF 悬空，当系统或二次回路发生故障时，相应的继电器 K 动作（K1 的线圈在其他回路），K1-1 常开触点闭合，K1-2 常闭触点打开，使信号灯 HL 接于闪光小母线 WF。由于 WF 的电压较低，HL 变暗，闪光装置电容 C 充电，充电到一定值，即从直流操作电源母线上引出若干条线路，分别向各回路供电，如合闸回路、信号回路、保护回路等。在保护供电回路中，两组储能电容 C_1 和 C_2 所储能量用于在电力系统故障，直流系统电压下降时，向继电保护回路和断路器跳闸回路放电，C_2 给主变压器、电源进线保护和跳闸回路提供电源。这样当 6（10）kV 配出线发生故障，保护装置拒绝动作时，C_2 所储能量可使上一级的后备保护动作。

2. 交流操作电源

交流操作电源是指直接用交流电作为操作和信号回路的电源。它不需要整流器和蓄电池，比较简单经济，便于维护，可加快变电所的建设安装速度。但交流继电器性能没有直流继电器完善，不能构成复杂的保护。因此，交流操作电源在小型变电所中应用较广泛，而对保护要求较高的变电所采用直流操作电源。对采用交流操作的断路器，应采用交流操作电源，所有保护继电器、控制设备、信号装置及其他二次元件均应采用交流形式。

交流操作电源可有两种获得途径：一是取自厂用电变压器；二是当保护、控制、信号回路的容量不大时，交流操作电源可以取自电压互感器和电流互感器二次侧。

当交流操作电源取自电压互感器、电流互感器二次侧时，常在电压互感器二次侧安装一台 100/200 V 的隔离变压器，作为控制和信号回路中的交流操作电源。但应注意，只有在故障和不正常运行状态时母线电压无显著变化的情况下，保护装置的操作电源才可由电压互感器供给。对于短路保护装置的操作电源不能取自电压互感器，而应取自电流互感器，利用短路电流本身使断路器跳闸。

目前普遍采用的交流操作继电保护的电源接线方式有直接动作式、间接动作去分流式和电容储能式三种。在交流操作方式下，广泛使用 GL 型感应式电流继电器。

采用交流操作电源，可使二次回路简化，投资减少，维护方便，但是它不适于比较复杂的继电保护、自动装置及其他二次回路。交流操作电源广泛用于中小工厂变配电所中断路器采用手动操作或弹簧操作及继电保护采用交流操作的场合。

5.2.2 高压断路器的控制与信号回路

高压断路器是变电所的主要开关设备，为了通、断电路和改变系统的运行方式，需要通过其操作机构对断路器进行分、合闸操作。控制断路器进行分、合闸的电气回路称为断路器的控制回路；反映断路器工作状态的电气回路称为断路器的信号回路。

高压断路器控制回路指控制（操作）高压断路器分、合闸的回路。电磁操作机构只能采用直流操作电源，弹簧操作机构和手动操作机构可交直流两用，但一般采用交流操作电源。

信号回路指示一次电路设备运行状态的二次回路。按用途分，有断路器位置信号、事故信号和预告信号等。事故信号和预告信号是电气设备各信号的中心部分，通常称为中央信号，它们集中装设在中央信号屏上。

断路器位置信号用来显示断路器正常工作的位置状态，一般是红灯（符号 RD）亮，表示断路器在合闸位置；绿灯（符号 GN）亮，表示断路器在分闸位置。

事故信号用来显示断路器在事故情况下的工作状态。一般是红灯闪光，表示断路器自动合闸；绿灯闪光，表示断路器自动跳闸。此外还有事故音响信号（蜂鸣器）等。

预告信号是在一次设备出现不正常状态时或在故障初期发出的报警信号，包括音响信号（电铃）和光字牌等。值班员可根据预告信号及时处理。

1. 采用手动操作机构的断路器控制和信号回路

图 5-7 中，WC 为控制小母线，WS 为信号小母线，R_1、R_2 为限流电阻，QM 为手动操作机构辅助触点。

合闸时，推上操作机构手柄使断路器合闸。这时断路器的辅助触点 QF3-4 闭合，红灯 RD 亮，指示断路器已经合闸。由于该回路有限流电阻 R_2，跳闸线圈 YR 虽有电流通过，但电流很小，不会动作。红灯 RD 亮，还表明跳闸回路及控制回路的熔断器 FU1、FU2 是完好的，即红灯 RD 同时起着监视跳闸回路完好性的作用。

分闸时，扳下操作机构手柄使断路器分闸。断路器的辅助触点 QF3-4 断开，切断跳闸回路，同时辅助触点 QF1-2 闭合，绿灯 GN 亮，指示断路器已经分闸。绿灯 GN 亮，还表明控制回路的熔断器 FU1、FU2 是完好的，即绿灯 GN 同时起着监视控制回路完好性的作用。

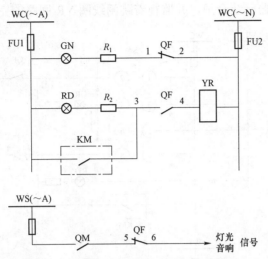

图 5-7　手动操作机构断路器控制和信号回路

当一次电路发生短路故障时，继电保护装置动作，其出口继电器 KM 触点闭合，接通跳闸线圈 YR 的回路（QF3-4 原已闭合），使断路器跳闸。随后 QF3-4 断开，使红灯 RD 灭，并切断 YR 的跳闸电源。与此同时，QF1-2 闭合，使绿灯 GN 亮。这时操作机构的操作手柄虽然仍在合闸位置，但其黄色指示牌掉落，表示断路器自动跳闸。同时事故信号回路接通，发出音响和灯光信号。事故信号回路是按"不对应原理"接线的，由于操作手柄仍在合闸位置，其辅助触点 QM 闭合，而断路器已事故跳闸，其辅助触点 QF5-6 也返回闭合，因此事故信号回路接通。当值班员得知事故跳闸信号后，可将操作手柄扳下至分闸位置，这时黄色指示牌随之返回，事故信号也随之解除。控制回路中分别与指示灯 GN 和 RD 串联的电阻 R_1 和 R_2，主要用来防止指示灯灯座短路时造成控制回路短路或断路器误跳闸。

在断路器正常操作分、合闸时，由于操作机构辅助触点 QM 与断路器辅助触点 QF5-6 都是同时切换的，总是一开一合，所以事故信号回路总是不通的，不会错误地发出事故信号。

2. 采用电磁操作机构的断路器控制和信号回路

电磁操作回路的控制开关采用双向自复式并具有保持触点的 LW5 型万能转换开关，其手柄正常为垂直位置（0°）。顺时针扳转 45°，为合闸（ON）操作，手松开即自动返回（复位），保持合闸状态。逆时针扳转 45°，为分闸（OFF）操作，手松开也自动返回，保持分闸状态。图 5-8 中虚线上打黑点（·）的触点，表示在此位置时该触点接通；而虚线上标出的箭头（→），表示控制开关手柄自动返回的方向。

图 5-8 中，WC 为控制小母线，WL 为灯光信号小母线，WF 为闪光信号小母线，WS 为信号小母线，WAS 为信号音响小母线，WO 为合闸小母线。

合闸时，将控制开关 SA 手柄顺时针扳转 45°，这时其触点 SA1-2 接通，合闸接触器

KO 通电（其中 QF1-2 原已闭合），其主触点闭合，使电磁合闸线圈 YO 通电，断路器合闸。合闸后，控制开关 SA 自动返回，其触点 SA1-2 断开，切断合闸回路，同时 QF3-4 闭合，红灯 RD 亮，指示断路器已经合闸，并监视着跳闸线圈 YR 回路的完好性。

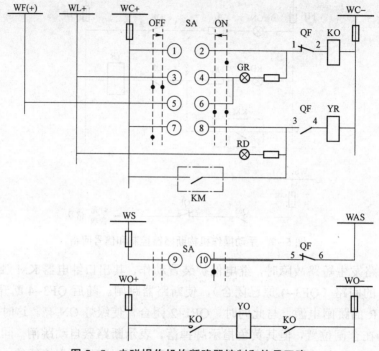

图 5-8　电磁操作机构断路器控制和信号回路

分闸时，将控制开关 SA 手柄反时针扳转 45°，这时其触点 SA7-8 接通，跳闸线圈 YR 通电（其中 QF3-4 原已闭合），使断路器 QF 分闸。分闸后，控制开关 SA 自动返回，其触点 SA7-8 断开，断路器辅助触点 QF3-4 也断开，切断跳闸回路，同时触点 SA3-4 闭合，QF1-2 也闭合，绿灯 GN 亮，指示断路器已经分闸，并监视着合闸线圈 KO 回路的完好性。

由于红、绿指示灯兼起监视分、合闸回路完好性的作用，长时间运行，因此耗能较多。为了减少操作电源中储能电容器能量的过多消耗，因此另设灯光指示小母线 WL+，专用来接入红、绿指示灯。储能电容器的电能只给控制小母线 WC 供电。

当一次电路发生短路故障时，继电保护装置动作，其出口继电器 KM 触点闭合，接通跳闸线圈 YR 回路（其中 QF3-4 原已闭合），使断路器自动跳闸。随后 QF3-4 断开，使红灯 RD 灭，并切断跳闸回路，同时 QF1-2 闭合，而 SA 在合闸位置，其触点 SA5-6 也闭合，从而接通闪光电源 WF（+），使绿灯 GN 闪光，表示断路器自动跳闸。由于断路器自动跳闸，SA 在合闸位置，其触点 SA9-10 闭合，而断路器已跳闸，其触点 QF5-6 也闭合，因此事故音响信号回路接通，又发出音响信号。当值班员得知事故跳闸信号后，可将控制开关 SA 的操作手柄扳向分闸位置（逆时针扳转 45° 后松开），使 SA 的触点与 OF 的辅助触点恢复"对应"关系，全部事故信号立即解除。

任务实施

1. 诊断分析

（1）进行手动操作，可以正常合闸，说明机械传动部件没有问题。

（2）检查合闸控制电路，继电器、合闸线圈、辅助触点、连接导线等都在完好状态。

（3）断路器合闸失灵故障，除操作机构及电气回路故障外，操作电源的问题也不容忽视。这台断路器的合闸电源是直流蓄电池组，已经运行了几年，几个月之前已经发现有一只蓄电池电压严重下降。

（4）测量合闸母线电压，为 215 V，电压似乎不低。但这是空载电压，合闸时冲击电流很大，达到 100 A 以上，如果蓄电池组有故障，其电源内阻就会加大，导致端电压大大下降。

（5）经实测，在合闸瞬间，蓄电池组的端电压不足 100 V，此时合闸铁芯虽然能动作，但因电磁力不够，机构提升不到位，断路器合不上闸。

2. 故障处理

更换有故障的蓄电池。

3. 任务总结

真空断路器是以真空作为介质和灭弧手段的断路器，它是电力系统中重要的控制和保护电器。如果存在故障和缺陷，就起不到控制和保护作用，甚至引发电网故障和人身事故。所以要定期或不定期地观察、检测真空断路器的真空度和绝缘性能，对达到使用寿命，或有异常现象的真空灭弧室，要及时地进行更换。

任务检查

按表 5-2 对任务完成情况进行检查记录。

表 5-2 任务完成情况检查记录表

项目名称：　　　　　　　　　　　　工作组名称：

姓名	任务	存在问题	解决办法	任务完成情况	检查人签字	备注

任务完成时间：　　　　　　　　　　组长签字：

任务 5.3   电气测量仪表与绝缘装置的调试

任务要求

　　某农村 35/10 kV 变电站一次停电退出运行后，在恢复送电时，先将主变压器投入电网对其进行预充电（10 kV 侧配电线路暂未投入运行），变电站内仅有变压器、母线、高压柜等设备带电，就在此时，绝缘监测装置发出接地报警、三只单相电压表 U_u、U_v、U_w 的指示读数不对称平衡。其绝缘监测装置接线如图 5-9 所示。

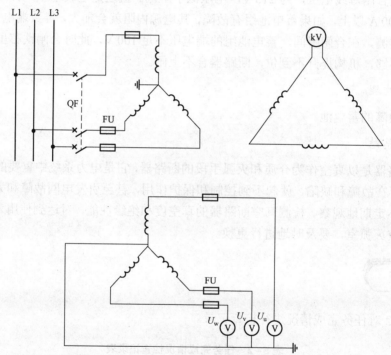

图 5-9　某农村 35/10 kV 变电站绝缘监测装置接线

请加以分析讨论，并进行相应报警处置。

任务分析

　　该绝缘监测装置是由一台三相五柱电压互感器、电压继电器等设备组成。电压互感器一次侧做星形连接，中性点接地。二次侧有两组绕组：一个绕组做星形连接，中性点引出并做接地处理，在各相上均接有单相电压表 1 只，分别监测 u、v、w 三相的电压状况；另一个绕组做开口三角形连接，在其开口两端接有电压继电器（KV）等报警设备。当系统运行正常三相电压对称平衡时，开口三角形绕组两端的电压值为零（或仅有微小的不平衡电压存在），电压继电器不会启动，无报警信号发出，三只单相电压表分别指示出 u、v、w 三相的电压值为对称平衡的电压值。

知识学习

1. 电测量仪表

　　电测量仪表是对电力装置回路的电力运行参数做经常测量、选择测量、记录用的仪表和做计费、技术经济分析考核管理用的计量仪表的总称。电测量仪表按其用途分为常用测量仪表和计量仪表两类，前者是对一次电路的电力运行参数做经常测量、选择测量和记录用的仪表，如电压、电流、有功功率、无功功率、有功电能等，如图 5-10 所示；后者是对一次电路进行供用电的技术经济考核分析和对电力用户用电量进行测量、计量的仪表，即各种电能表（又称电度表），如图 5-11 所示。

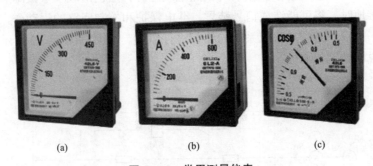

(a)　　　　　　　　(b)　　　　　　　　(c)

图 5-10　常用测量仪表

（a）电压表；（b）电流表；（c）功率因数表

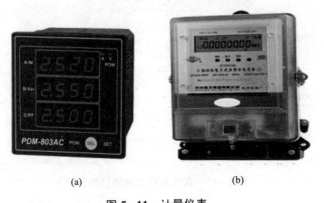

(a)　　　　　　　　　(b)

图 5-11　计量仪表

（a）三相电子式电能表；（b）多功能数字表

　　常用测量仪表应能正确反映电力装置的运行参数，能随时监测电力装置回路的绝缘状况。交流电流表、电压表、功率表可选用 2.5 级，直流电路中的电流表、电压表可选用 1.5 级，频率表可选用 0.5 级。仪表的测量范围和互感器变比的选择，应使正常运行情况下仪表指针指示在满标度的 2/3 左右，并留有过负荷指示裕度。对有可能双向运行的电力装置回路，应采用具有双向标度尺的仪表。

2. 绝缘监视装置

绝缘监视装置用于小接地电流的电力系统中，以便及时发现单相接地故障，以免单相接地故障发展为两相接地短路，造成停电事故。

6～35 kV 系统的绝缘监视装置，可采用三个单相双绕组电压互感器和三只电压表进行测量，也可以采用一个三相五柱三绕组电压互感器测量。当一次电路某一相发生接地故障时，电压互感器二次侧的对应相的电压表指零，其他两相的电压表读数则升高到线电压。由指零电压表的所在相即可得知该相线发生了单相接地故障，但是这种绝缘监视装置不能判明是哪一条线路发生了故障，因此它是无选择性的，只适用于出线不多的系统及作为有选择性的单相接地保护的一种辅助装置。

3. 直流系统的绝缘监察装置

当直流系统中某点接地时，直流系统虽然继续运行，但也形成了事故隐患。当直流系统中有一点发生接地时，将可能造成信号装置、继电保护和控制回路的误动作，使断路器误跳闸或拒绝跳闸。所以，必须对直流系统的绝缘进行监察。下面以图 5–12 所示电路中的绝缘监察装置为例说明其工作原理。

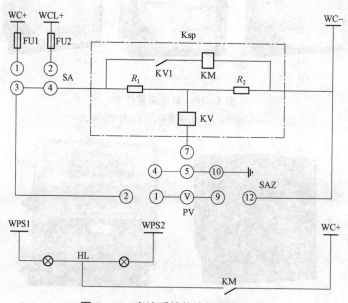

图 5–12　直流系统的绝缘监察装置

绝缘监察装置由监察继电器、电压表 PV 和转换开关 SA 与 SAZ 等组成。SA 有两个位置，可分别将正合闸母线 WCL+ 或正控制母线 WC+ 接入监察回路。SAZ 转换开关有三个位置："母线""＋对地"和"－对地"。平时 SAZ 置于"母线"位置，其触点①–②、⑤–⑦、⑨–⑩接通，使电压表 PV 接在正负直流母线之间，用以测量直流母线电压。同时，监察继电器中的电压继电器 KV 通过触点⑤–⑦与地接通，处于监察状态。此时，正、负母线的对地绝缘电阻与监察继电器中的两个电阻 R_1 和 R_2 构成电桥的四个桥臂，电压继电器 KV 就接在电桥的对角线上。当正、负母线对地绝缘正常时，电桥处于平衡状态，电压继电器不动作；

当直流系统某一点接地时，电桥失去平衡，电压继电器 KV 动作，其常开触点闭合，监察继电器中的中间继电器 KM 有电动作，其常开触点闭合发出报警信号，光字牌发光，指示故障性质。

若将 SAZ 转至"－对地"位置时，其触点⑨-⑩、①-④接通，电压表测量负母线对地电压；当 SAZ 转至"＋对地"位置时，其触点①-②、⑨-⑩接通，PV 测量正母线对地电压；当正、负两极对地绝缘都正常时，电压表的读数均为零；当其中一极接地时，则接地一极的对地电压为零，另一极对地电压为额定电压；当非金属性接地时，电压表读数小的一极有接地故障。

任务实施

1. 报警分析与检修确认

开始认为是站内母线或其他设备发生了接地故障，立即将变压器退出运行，对站内母线等设备进行细致检测，但未发现异常现象。既然站内设备未发生接地故障，绝缘监测装置动作报警的原因何在呢？接着从绝缘监测装置的工作原理方面来找原因。

当系统发生单相接地时，系统的对称平衡遭到破坏。三只单相电压表的指示读数再不是对称平衡的电压值了，而是故障相的电压急剧下降（甚至为零），另外两相的电压大幅上升（最大可达万倍的相电压值）。此时开口三角形绕组的两端将呈现出很高的电压值（最大可达 100 V），使接在其两端的电压继电器动作启动报警设备发出接地故障报警信号。

由以上的分析讨论可知，要使绝缘监测装置报警，不管系统是否发生了接地事故，只要在开口三角形绕组的两端出现足够使电压继电器动作启动报警设备的电压，就会使电压继电器动作，启动报警设备发出接地信号。

2. 故障诊断与处置

该绝缘监测装置的误报警，完全是因为三相对地电容电流的不对称平衡度很大，而呈现出三相对地容抗的不对称平衡度很大，也就是三相的对地绝缘不对称平衡度很大，从而使绝缘监测装置中开口三角形绕组的两端产生足够使电压继电器启动的电压值，引起报警设备发出接地信号。

该绝缘监测装置的误报警是因为主变压器、母线等设备空载运行时的三相对地电容电流值的不对称平衡度很大所造成的，处置方法是：只要设法将此不对称平衡的三相对地电容电流消除掉，就可解除绝缘监测装置的误报警动作。

3. 任务总结

这类农村 35/10 kV 系统中性点虽然未进行接地，但实际上各相还是通过各相的对地电容进行了接地（也就是电容接地）。在变电站内由于某些原因（例如母线排列的位置不同等），将会造成各相的对地电容值不同（即各相的对地电容值不对称平衡），从而导致各相的对地电容电流值不对称平衡。

任务检查

按表 5–3 对任务完成情况进行检查记录。

表 5–3　任务完成情况检查记录表

项目名称：　　　　　　　　　　工作组名称：

姓名	任务	存在问题	解决办法	任务完成情况	检查人签字	备注

任务完成时间：　　　　　　　　组长签字：

任务 5.4　供配电系统的自动装置运行

任务要求

变电站某 220 kV 线路处于检修状态，检修人员开展断路器的维护工作。运行人员按工作需要将断路器切换至"近控"控制，检修工作结束后，当运行人员将断路器汇控柜"远/近控"切换把手切换至"远控"时，断路器自行合闸。检查发现该线路保护装置有"重合闸动作"的保护信息，操作箱重合闸指示灯亮。

现场检查断路器机构未发现任何异常状况，机械分合闸正常，一次设备状况良好，初步判断断路器自行合闸是保护装置重合闸动作造成的。查阅该线路控制重合闸回路的设计原理图，如图 5–13、图 5–14 所示（虚线 108 除外，图中文字符号与现场图纸保持一致）。

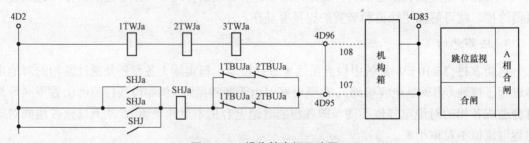

图 5–13　操作箱合闸回路图

由图 5–13 可见，断路器的跳位监视回路与合闸回路并联在一起，当切换把手 ZK（图 5–14）切至"远控"时，由电缆 107 接通至断路器机构箱控制电路。当断路器处于"分闸"位置时，跳位继电器 1TWJa、2TWJa、3TWJa 励磁使跳位监视回路导通。当重合闸继电器常开触点 SHJ 闭合时，手合继电器 SHJa 励磁，并使 SHJa 常开触点闭合实现自保持，通过两组防跳常闭触点 1TBUJa、2TBUJa 接通合闸回路，断路器动作于合闸。

当切换把手 ZK 切至"近控"时，切换把手的"远控"接点断开断路器机构箱与操作箱的合闸及跳位监视回路，断路器合闸操作由机构箱本体的合闸回路完成，与操作箱无关。该线路的保护定值中"不对应启动重合闸"在"投入"状态，"重合闸"在"投入"状态，检无压合闸和检同期合闸均在"退出"状态。

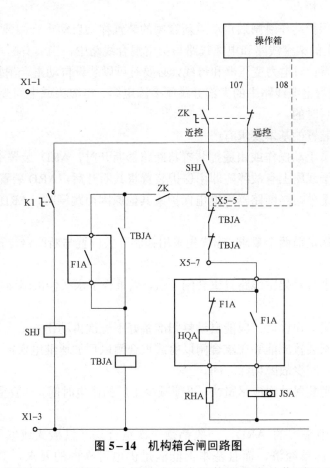

图 5–14 机构箱合闸回路图

试根据误动作概况及设备情况，分析自动重合闸装置异常动作原因，并进行改进。

任务分析

自动重合闸作为保证电力系统稳定运行的重要措施之一，已在各种输电线路上普遍运用。其目的在于输电线路瞬时性故障消除后，系统在最短时间内重新投入运行，使电力系统恢复正常，保证供电的可靠性。在实际运行中，重合闸的控制电路、逻辑与断路器的配合若存在缺陷，将会造成重合闸误动、拒动及其他异常状况。

知识学习

5.4.1 电力线路的自动重合闸装置 ARD

电力系统的运行经验证明，电力系统的故障特别是架空线路上的短路故障，大多是暂时性的，如雷电的放电等。这些故障虽然引起断路器跳闸，但故障消除后，故障点的绝缘一般能自行恢复。如果断路器再合闸，便可以立即恢复供电，从而提高供电的可靠性。自动重合闸装置就利用了这一特点。

能使断路器因保护动作跳闸后自动重新合闸的装置称为自动重合闸装置，简称 ARD 或 ZCH。在 1 kV 以上的架空线路和电缆线路与架空混合线路中，当装有断路器时，一般均应装设自动重合闸装置；对电力变压器和母线，必要时可以装设自动重合闸装置；电缆线路中一般不用 ARD，因为电缆线路中的大部分跳闸多因电缆、电缆头或中间接头绝缘破坏所致，这些故障一般不是瞬时的。

对自动重合闸装置的基本要求有：

（1）当值班人员手动操作或由遥控装置将断路器断开时，ARD 装置不应动作。当手动合上断路器时，由于线路上有故障随即由保护装置将其断开后，ARD 装置也不应动作。

（2）除上述情况外，当断路器因继电保护或其他原因而跳闸时，ARD 均应动作，使断路器重新合闸。

（3）为了能够满足前两个要求，应优先采用控制开关位置与断路器位置不对应原则来启动重合闸。

（4）无特殊要求时对架空线路只重合闸一次，当重合于永久性故障而再次跳闸后，就不应再动作。

（5）自动重合闸动作以后，应能自动复归准备好下一次再动作。

（6）自动重合闸装置应能够在重合闸以前或重合闸以后加速继电保护动作，以便更好地和继电保护相配合，减少故障切除时间。

（7）自动重合闸装置动作应尽量快，以便减少工厂的停电时间，一般重合闸时间为 0.7 s 左右。

工厂供电系统中采用的 ARD，一般都是一次重合式（机械式或电气式），因为一次重合式 ARD 比较简单经济，而且基本上能满足供电可靠性的要求，其电路如图 5–15 所示。

图 5–15 中，YR 为跳闸线圈，YO 为合闸线圈，KO 为合闸接触器，KAR 为重合闸继电器。

手动合闸时，按下 SB1，使合闸接触器 KO 通电动作，从而使合闸线圈 YO 动作，使断路器合闸。手动分闸时，按下 SB2，使跳闸线圈 YR 通电动作，使断路器分闸。

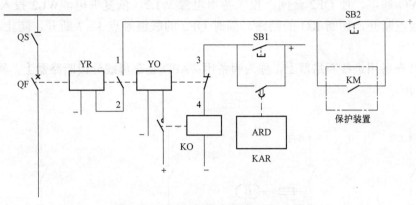

图 5－15 一次自动重合闸 ARD 电路

当一次电路发生短路故障时，保护装置动作，其出口继电器 KM 触点闭合，接通跳闸线圈 YR 回路，使断路器 QF 自动跳闸。与此同时，断路器辅助触点 QF3－4 闭合；而且重合闸继电器 KAR 启动，经整定的时限后其延时闭合常开触点闭合，使合闸接触器 KO 通电动作，从而使断路器重合闸。如果一次电路的短路故障是瞬时性的，已经消除，则重合成功。如果短路故障尚未消除，则保护装置又要动作，其出口继电器 KM 触点闭合，又使断路器跳闸。由于一次 ARD 采用了防跳措施（图 5－15 上未绘出），因此不会再次重合闸。

5.4.2 备用电源自动投入装置 APD

在要求供电可靠性较高的工厂变配电所中，如果在作为备用电源的线路上装设备用电源自动投入装置（APD 或 BZT），则在工作电源线路突然断电时，利用失压保护装置使该线路的断路器跳闸，而备用电源线路的断路器则在 APD 作用下迅速合闸，使备用电源投入运行，从而提高供电的可靠性，保证对用户的不间断供电，其电路如图 5－16 所示。

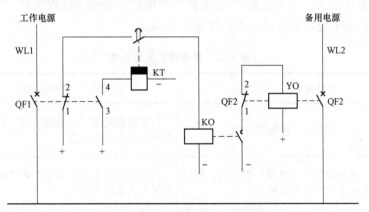

图 5－16 备用电源 APD 电路

假设电源进线 WL1 工作，WL2 为备用，其断路器 QF2 断开，但其两侧隔离开关是闭合的（图 5－16 上未绘出）。当回路 WL1 断电引起失压保护动作使 QF1 跳闸时，其常开触点 QF1 的 3－4 断开，使原来通电动作的时间继电器 KT 断电，但其延时断开触点尚未及时断开，这时 QF1 的另一常闭触点 1－2 闭合，从而使合闸接触器 KO 通电动作，使断路器 QF2 的合闸线圈 YO 通电，使 QF2 合闸，投入备用电源 WL2，恢复供电。WL2 投入后，KT 的延时断开触点断开，切断 KO 的回路，同时 QF2 的联锁触点 1-2 断开，防止 YO 长时间通电。

APD 装在备用进线断路器上，称为明备用；APD 装在母线分段断路器上，称为暗备用，如图 5-17 所示。

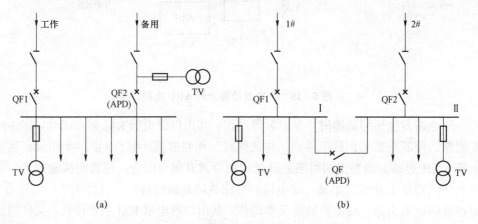

图 5-17　APD 的两种基本接线方式

（a）明备用；（b）暗备用

任务实施

1. 原因分析

（1）充电条件满足：当汇控柜"远/近控"切换把手切至"近控"时，保护装置满足下列充电条件，经充电延时后完成充电，详见表 5-4。

表 5-4　重合闸充放电条件

条件说明		现场情况
放电条件（"或"逻辑）	重合闸处于"停用"方式	当断路器处于"冷备用"或"检修"状态时，重合闸方式未发生改变
	重合闸处于"单重"方式时，断路器处于"三跳"位置	当断路器处于"冷备用"或"检修"状态时，重合闸方式未发生改变
	"合闸压力低"有开入（且持续400 ms）	设计图中无此回路，根据反措要求，压力低禁止跳、合闸功能应由断路器本体实现
	"闭锁重合闸"有开入	未有"闭锁重合闸"的保护动作开入（如母差动作、多相故障动作等）

	条件说明	现场情况
放电条件 （"或"逻辑）	检无压或检同期投入时，抽取电压互感器断线	根据当前线路定值，检无压或检同期均无投入
	保护用工作电压互感器断线	现场条件不满足
	逻辑设定的放电条件（如多相故障闭重等）	根据当前线路定值，各放电条件均无投入
充电条件 （"与"逻辑）	不满足重合闸放电条件	满足
	保护未启动	满足
	跳位继电器返回（TWJ＝0）	当断路器汇控柜"远/近控"切换把手切至"近控"时，切断了机构箱与操作箱的联系，操作箱跳位继电器 TWJa 返回，满足条件

（2）不对应启动重合闸动作：断路器在跳位，当断路器由"近控"切换至"远控"时，操作箱回路由"远控"接点接至断路器机构箱，TWJa 励磁，此时保护装置满足不对应启动重合闸条件，装置重合闸动作出口合上断路器。

2. 处置措施

由上述原因分析可见，只要断路器"远/近控"切换把手切至"近控"且时间超过重合闸充电时间，再切回"远控"时不对应重合闸将动作启动重合闸出口。

3. 改进措施

（1）可增加运行规程上的相应规定：在断路器处于检修或冷备用状态，需要进行"远/近控"切换时，投入"闭锁重合闸"压板，这样保护装置就有"闭锁重合闸"的开入，保护装置将不会充电；或是运行人员在进行操作之前先将保护电源断开，给上保护装置电源之后再给上操作电源，这样由于先采集到 TWJ 开入，保护装置将不会充电，也不会误重合断路器。

（2）根据上面断路器合闸回路设计图与机构箱回路接线，可以进行回路的改良：在操作箱处解除跳位监视回路与合闸回路并联关系（断开图 5-13 中 4D96 与 4D95 之间的电缆），合闸回路不变，跳位监视回路增加另一电缆 108（见图 5-13 虚线部分），并接至断路器机构回路的 X5-5 处（见图 5-14 虚线部分）。

改进后，不管切换把手如何切换，都不会影响到跳位监视回路，TWJ 不会返回，重合闸也不满足充电条件。

任务检查

按表 5-5 对任务完成情况进行检查记录。

表 5-5 任务完成情况检查记录表

项目名称：　　　　　　　　　　　工作组名称：

姓名	任务	存在问题	解决办法	任务完成情况	检查人签字	备注

任务完成时间：　　　　　　　　　　组长签字：

项目评价

参照表 5-6 进行本项目的评价与总结。

表 5-6 项目考核评价表

考评方式	项目实施过程考评（满分 100 分）		
	知识技能素质达标考评（30 分）	任务完成情况考评（50 分）	总体评估（20 分）
考评员	主讲教师	主讲教师	教师与组长
考评标准	根据学生实践表现，按学生考勤情况、项目拓展练习完成情况、课堂纪律表现等计分	根据学生的项目各任务完成效果，结合总结报告情况进行考评	根据项目实施过程中学生的积极性、参与度与团队协作沟通能力等综合评价
考评成绩			
教师评语			
备注			

拓展练习

1. 什么是二次回路？它包括哪些部分？

2. 高压断路器常见的故障有哪些？对断路器运行操作的要求有哪些？

3. 断路器不能分、合闸如何处理？断路器非全相分、合闸如何检查处理？

4. 断路器的控制和信号回路有哪些主要要求？事故跳闸信号回路在其一次回路发生短路故障时的动作程序和信号指示情况是什么？

5. 看图讲解图 5-18 所示的备用电源自动投入接线图动作过程。

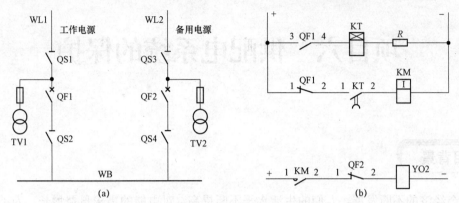

图 5-18　备用电源自动投入接线图
（a）一次回路；（b）二次回路

项目六　供配电系统的保护

项目背景

社会经济的不断发展，人们的生活水平不断提高，对电能的需求日益增长，为了更好地满足人们实际用电需求，相关部门也为电力系统制定了严格的执行标准，而继电保护是保证配电系统稳定运行的关键。

继电保护作为供配电系统的重要组成部分，被称为供配电系统的安全屏障。继电保护防止因短路故障或不正常运行状态造成电气设备或供配电系统的损坏，提高供电可靠性。因此，继电保护是变电所二次回路的重要组成部分，也是供电设计的主要内容。

学习目标

一、知识目标

1. 理解继电保护的原理与要求。
2. 了解常用的保护继电器及保护装置的分类及接线方式。
3. 掌握常用保护继电器的工作原理，掌握各种继电保护时限特性。
4. 了解熔断器保护的概念，掌握熔断器的选择方法。
5. 了解微机综合保护的组成与原理。

二、能力目标

1. 学会排除实际供电系统继电保护的故障。
2. 学会保护系统的检修和维护。
3. 能合理运用继电保护知识查找线路故障。

三、素质目标

1. 培养学生注重团队合作的职业意识。
2. 培养学生具有严谨细致的职业态度。
3. 培养学生精益求精的工匠精神。

项目实施

任务 6.1 认识继电保护

任务描述

在城市轨道交通供电系统中，配电变压器将中压 35 kV 电源转变为 380 V，为低压设备供电。配电变压器已广泛应用于电力系统配电网络中，但城市轨道交通的配电系统负荷和其他民用或者工业负荷相比存在一定的差异。能够结合所学知识分析城市轨道供电系统有哪些地方需要进行保护及如何保护。

任务分析

城市轨道交通是一个重要的用电部门，按规定必须由两路独立的电源供电，当其中任何一路电源发生故障时，另一路应能保证一级负荷的全部用电需要。因此，城市轨道牵引变电所的电源进线来自两个区域变电所或来自一个区域变电所的两路独立电源，当一路电源失压时，另一路电源自动切入，使轨道交通系统能获得不间断的电源。掌握供配电系统保护装置的作用，能够分析各系统的组成及作用。

知识学习

在电力系统中的每个元件上装设一种有效的装置，当电气元件发生故障或不正常运行状态时，该装置是对电力系统中发生的故障或异常情况进行检测，从而发出报警信号，或直接将故障部分隔离、切除的一种重要措施，它可以大大减少事故发生的概率。在电力系统中起这种作用的装置称为继电保护装置。

6.1.1 继电保护的任务

继电保护技术是一个完整的体系，主要由电力系统故障分析、继电保护原理及实现继电保护配置设计、继电保护运行与维护等技术构成，而完成继电保护功能的核心是继电保护装置。

继电保护装置是指安装在电力系统各电气元件上，能在指定的保护区域内迅速地、准确地反映电力系统中各电气元件的故障或不正常工作状态，并作用于断路器跳闸或发出信号的一种自动装置。它的基本任务如下：

（1）能自动地、迅速地、有选择性地将故障元件从电力系统中切除，保证无故障元件能继续正常运行，并使故障元件免于继续遭到破坏。

（2）对电气元件的异常工作状态发出报警信号，提醒工作人员及时采取措施，或自动地进行调整和消除。反映不正常工作状态的继电保护装置，一般不需要立即动作，允许带一定的延时。

（3）继电保护装置还可以与电力系统中的其他自动化装置配合，在条件允许时，采取预定措施，缩短事故停电时间，尽快恢复供电，从而提高电力系统运行的可靠性。

由此可见，继电保护装置在电力系统中的主要作用是：在电力系统范围内，按指定保护区实时地检测各种故障和不正常运行状态，及时地采取故障隔离或警告等措施，力求最大限度地保证向用户安全连续供电。在现代的电力系统中，继电保护装置需要根据系统的运行状态，制定最佳的保护方案，从而降低系统故障率，达到长期可靠运行的目的。

6.1.2　继电保护的基本要求

继电保护装置为了完成任务，必须在技术上满足选择性、速动性、灵敏性和可靠性四个基本要求。对于作用于继电器跳闸的继电保护，应同时满足四个基本要求；而对于作用于信号以及只反映不正常的运行情况的继电保护装置，这四个基本要求中有些要求可以降低。

1. 选择性

选择性就是指当电力系统中的设备或线路发生短路时，其继电保护仅将故障的设备或线路从电力系统中切除，当故障设备或线路的保护或断路器拒动时，应由相邻设备或线路的保护将故障切除。

2. 速动性

速动性是指继电保护装置应能尽快地切除故障，以减少设备及用户在大电流、低电压运行的时间，降低设备的损坏程度，提高系统并列运行的稳定性。

一般必须快速切除的故障有：

（1）使发电厂或重要用户的母线电压低于有效值（一般为 0.7 倍额定电压）。

（2）大容量的发电机、变压器和电动机内部故障。

（3）中、低压线路导线截面过小，为避免过热不允许延时切除的故障。

（4）可能危及人身安全、对通信系统造成强烈干扰的故障。

故障切除时间包括保护装置和断路器动作时间，一般快速保护的动作时间为 0.04～0.08 s，最快的可达 0.01～0.04 s，一般断路器的跳闸时间为 0.06～0.15 s，最快的可达 0.02～0.06 s。

对于反映不正常运行情况的继电保护装置，一般不要求快速动作，而应按照选择性的条件，带延时地发出信号。

3. 灵敏性

灵敏性是指电气设备或线路在被保护范围内发生短路故障或不正常运行情况时，保护装置的反应能力。能满足灵敏性要求的继电保护，在规定的范围内故障时，不论短路点的位置和短路的类型如何，以及短路点是否有过渡电阻，都能正确反应动作，即要求不但在系统最大运行方式下三相短路时能可靠动作，而且在系统最小运行方式下经过较大的过渡电阻两相或单相短路故障时也能可靠动作。保护装置的灵敏性是用灵敏系数 K_S 来衡量，灵敏度越高，反映故障的能力越强。灵敏度系数按下式计算：

$$K_S = \frac{\text{保护范围内的最小短路电流}}{\text{保护装置一次侧动作电流}} = \frac{I_{K.min}}{I_{op1}} \qquad (6-1)$$

GB/T 14285—2016《继电保护与安全自动装置技术规程》对各类保护的灵敏系数的要求都做了具体的规定，一般要求灵敏系数在 1.2～2。

4. 可靠性

可靠性包括安全性和信赖性，是对继电保护最根本的要求。安全性：要求继电保护在不需要它动作时可靠不动作，即不发生误动。信赖性：要求继电保护在规定的保护范围内发生了应该动作的故障时可靠动作，即不拒动。继电保护的误动作和拒动作都会给电力系统带来严重危害。即使对于相同的电力元件，随着电网的发展，保护不误动和不拒动对系统的影响也会发生变化。

为保证继电保护装置的可靠性，一般来说，宜选用尽可能简单的保护方式，应采用由可靠的元件和简单的接线构成的性能良好的继电保护装置，并应采用必要的检测、闭锁、报警等措施，以便于整定、调试、运行和维护。

6.1.3　继电保护的分类

继电保护可按以下四种方式分类。

1. 按被保护对象分类

有输电线保护和主设备保护，如发电机、变压器、母线、电抗器、电容器等保护。

2. 按保护功能分类

有短路故障保护和异常运行保护。短路故障保护又可分为主保护、后备保护和辅助保护；异常运行保护又可分为过负荷保护、失步保护、低频保护、非全相运行保护等。

3. 按保护装置进行比较和运算处理的信号量分类

有模拟式保护和数字式保护。一切机电型、整流型、晶体管型和集成电路型（运算放大器）保护装置，它们直接反映输入信号的连续模拟量，均属模拟式保护；采用微处理机和微型计算机的保护装置，它们反映的是将模拟量经过采样和模/数转换后的离散数字量，这是数字式保护。

4. 按保护动作原理分类

有过电流保护、低电压保护、过电压保护、功率方向保护、距离保护、差动保护、纵联保护、瓦斯保护等。

6.1.4　继电保护的基本工作原理

继电保护装置必须具有正确区分被保护元件是处于正常运行状态还是发生了故障，是保护区内故障还是保护区外故障的功能。保护装置要实现这一功能，需要根据电力系统发生故障前后电气物理量变化的特征为基础来构成。当供配电系统发生故障时，会引起电流增大、电压降低、电压和电流间相位角改变等。因此，利用上述物理量故障时与正常时的差别，可构成各种不同工作原理的继电保护装置，如电流保护、电压保护、方向保护、距离保护和差动保护等。

继电保护的种类很多，但是其工作原理基本相同，主要由测量比较单元、逻辑判断单元和执行输出单元三部分组成，如图6-1所示。

图6-1 继电保护的工作原理

1. 测量比较单元

测量比较单元是测量通过被保护装置中电气元件的某物理量和保护装置的整定值进行比较，判断被保护设备是否发生故障，保护装置是否应该启动。常用的测量比较元件有过电流继电器、低电压继电器、差动继电器和阻抗继电器等。

2. 逻辑判断单元

逻辑判断单元根据测量比较单元输出量的大小、性质、出现的顺序等，按一定逻辑关系判定故障的类型和范围，确定是否应该使断路器跳闸、发出信号或是否动作及是否延时等，并将对应的指令传给执行输出单元。

3. 执行输出单元

执行输出单元根据逻辑判断单元的输出信号驱动保护装置动作，使断路器跳闸或发出报警信号或不动作。

6.1.5 继电保护技术的发展

19世纪的最后25年里，作为最早的继电保护装置熔断器已开始应用。随着电力系统的发展，电网结构日趋复杂，短路容量不断增大，到20世纪初期产生了作用于断路器的电磁型继电保护装置。虽然在1928年电子器件已开始被应用于保护装置，但电子型静态继电器的大量推广和生产，只是在20世纪50年代晶体管和其他固态元器件迅速发展之后才得以实现。静态继电器有较高的灵敏度和动作速度、维护简单、寿命长、体积小、消耗功率小等优点，但较易受环境温度和外界干扰的影响。1965年出现了应用计算机的数字式继电保护。大规模集成电路技术的飞速发展，微处理机和微型计算机的普遍应用，极大地推动了数字式继电保护技术的开发，目前微机数字保护正处于日新月异的研究试验阶段，并已有少量装置正式运行。

20世纪初随着电力系统的发展，继电器开始广泛应用于电力系统的保护，这时期是继电保护技术发展的开端。最早的继电保护装置是熔断器。从20世纪50年代到90年代末，继电保护完成了发展的4个阶段，即从电磁式保护装置→晶体管式继电保护装置→集成电路继电保护装置→微机继电保护装置。

微机保护经过近 20 年的应用、研究和发展，已经在电力系统中取得了巨大的成功，并积累了丰富的运行经验，产生了显著的经济效益，大大提高了电力系统运行管理水平。近年来，随着计算机技术的飞速发展以及计算机在电力系统继电保护领域中的普遍应用，新的控制原理和方法被不断应用于计算机继电保护中，以期取得更好的效果，从而使微机继电保护的研究向更高的层次发展，继电保护技术未来趋势是向计算机化，网络化，智能化，保护、控制、测量和数据通信一体化发展。

任务检查

按表 6-1 对任务完成情况进行检查记录。

表 6-1 任务完成情况检查记录表

项目名称：　　　　　　　　　　　工作组名称：

姓名	任务	存在问题	解决办法	任务完成情况	检查人签字	备注

任务完成时间：　　　　　　　　　　组长签字：

任务 6.2　常用保护继电器

任务要求

请根据图 6-2 所示的过流继电器保护装置框图，分析此过流继电保护装置都有哪些保护继电器，并分别指出各继电器的作用。

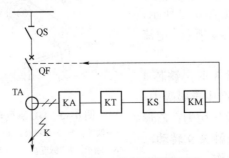

图 6-2　过流继电保护装置框图

任务分析

继电器是继电保护装置的基本元件，是一种在其输入的物理量（电量或非电量）达到规定值时，其电气输出电路被接通（导通）或分断（阻断、关断）的自动电器。继电器按其输入量性质分，有电气继电器和非电气继电器两大类；按其用途分，有控制继电器和保护继电器两大类。控制继电器用于自动控制电路中，保护继电器用于继电保护电路中。本书主要讲述保护继电器，通过学习应能区分各保护继电器，并能指出各保护继电器的特点和优势。

知识学习

供配电系统的继电保护装置由各种保护继电器构成。保护继电器的种类很多，按继电器的结构原理分，有电磁式、感应式、数字式、微机式等继电器；按继电器反映的物理量分，有电流继电器、电压继电器、功率方向继电器、气体继电器等；按继电器反映的物理量变化分，有过量继电器和欠量继电器，如过电流继电器、欠电压继电器；按继电器在保护装置中的功能分，有启动继电器、时间继电器、信号继电器和中间继电器等；按其与一次电路的联系分，有一次式继电器和二次式继电器。

在供电系统中常用的保护继电器，有电磁式继电器、感应式继电器以及晶体管继电器。前两种是机电式继电器，它们工作可靠，而且有成熟的运行经验，所以目前仍普遍使用。晶体管继电器具有动作灵敏、体积小、能耗低、耐振动、无机械惯性、寿命长等一系列优点，但由于晶体管器件的特性受环境温度变化影响大，器件的质量及运行维护的水平都影响到保护装置的可靠性，目前国内较少采用。随着电力系统向集成电路和微机保护方向发展，晶体管继电器的应用水平也不断提高。

6.2.1 电磁式继电器

1. 电磁式电流继电器

电磁式电流继电器在过电流保护装置中作为测量和启动元件，当电流超过某一整定值时继电器动作。供配电系统中常用DL系列电磁式电流继电器作为过电流保护装置的启动元件，其结构如图6-3所示，内部接线和图形符号如图6-4所示，电流继电器的文字符号为KA。

当电流通过继电器线圈3时，铁芯1中产生磁通，对Z形铁片2产生电磁吸力，若电磁吸力大于弹簧5的反作用力，Z形铁片就转动，带动同轴的动触头9转动，使常开触头闭合，继电器动作。

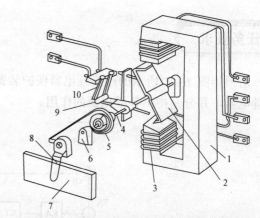

图6-3 DL系列电磁式电流继电器的结构

1—铁芯；2—Z形铁片；3—线圈；4—转轴；5—反作用弹簧；6—轴承；7—标度盘；8—调节转杆；9—动触头；10—静触头

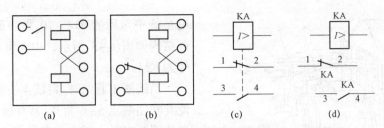

图 6－4　DL 系列电磁式电流继电器的内部接线和图形符号

（a）DL－11 型；（b）DL－12 型；（c）集中表示的图形符号；（d）分开表示的图形符号

继电器动作后，当流入继电器线圈的电流减小到一定值时，Z 形铁片在弹簧作用下返回，使动、静触点分离，此时称继电器返回。能够使继电器返回的最大电流，称为继电器的"返回电流"，用 I_{re} 表示。（注：对于欠量继电器，例如欠电压继电器，其返回电压 U_{re} 则为继电器线圈中的使继电器返回的最小电压。使继电器动作的最小电流称为继电器的动作电流，用 I_{op} 表示。）

继电器的"返回电流"与"动作电流"的比值称为继电器的返回系数，用 K_{re} 表示，即

$$K_{re} = \frac{I_{re}}{I_{op}}$$

由于此时摩擦力矩起阻碍继电器返回的作用，因此电流继电器的返回系数恒小于 1（欠量继电器则大于 1）。在保证接触良好的条件下，返回系数越大，说明继电器越灵敏。DL 系列电磁式电流继电器的返回系数较高，一般不小于 0.8。

如图 6－3 所示，电磁式电流继电器的动作电流有两种调节方法：一种是平滑调节，即通过改变调节转杆 8 的位置来改变弹簧的反作用力实现。当逆时针转动调节转杆 8 的位置时，弹簧被扭紧，反力矩增大，继电器动作所需电流也增大；反之，当顺时针转动调节转杆 8 时，继电器动作电流减小。另一种是级进调节，即改变继电器线圈的连接方式实现。当两线圈并联时，线圈串联匝数减少 1 倍，因继电器所需动作匝数是一定的，因此动作电流将增大 1 倍；反之，当线圈串联时，动作电流减小 1 倍。电磁式电流继电器动作较快，其动作时间为 0.01～0.05 s。电磁式电流继电器的接点容量较小，不能直接作用于断路器跳闸，必须通过其他继电器转换。

2. 电磁式电压继电器

DJ 系列电磁式电压继电器的结构和工作原理与 DL 系列电磁式电流继电器基本相同。不同之处仅是电压继电器的线圈为电压线圈，匝数多，导线细，与电压互感器的二次绕组并联。电压继电器文字符号用 KV 表示。

电压继电器分过电压继电器和低电压继电器两种，在继电保护装置中过电压继电器采用得较少，而低电压继电器采用较普遍。过电压继电器的返回系数 K_{re} 小于 1，一般为 0.8。欠电压继电器的返回系数 K_{re} 大于 1，通常为 1.25。

3. 电磁式中间继电器

电磁式中间继电器在继电保护中作为辅助继电器，以弥补主继电器触点数量和触点容量的不足。它通常用在保护装置的出口电路中，用来接通断路器的跳闸回路。工厂供配

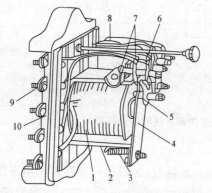

图 6-5 DZ-10 型中间继电器的内部结构

1—线圈；2—铁芯；3—弹簧；4—衔铁；5—动触点；
6，7—静触点；8—连接线；9—接线端子；10—底座

电系统中常用的 DZ-10 型中间继电器的内部结构如图 6-5 所示，中间继电器的文字符号为 KM。

当线圈 1 通电时，衔铁 4 被吸引向铁芯 2，使其常闭触点 5-6 断开，常开触点 5-7 闭合；当线圈断电时，衔铁 4 在弹簧 3 作用下返回。

中间继电器种类较多，有电压式、电流式；有瞬时动作的，也有延时动作的。瞬时动作中间继电器，其动作时间为 0.05～0.06 s。

中间继电器的特点是触点多，容量大，可直接接通断路器的跳闸回路，且其线圈允许时间通电运行。

4. 电磁式时间继电器

电磁式时间继电器在继电器保护中作为延时元件，用来建立必要的动作时限。其特点是线圈通电后，触点延时动作，按照一定的次序和时间间隔接通或断开被控制的回路。

常用的 **DS-110（120）**型电磁式时间继电器的内部结构如图 6-6 所示，其内部接线和图形符号如图 6-7 所示。当线圈 1 通电时，可动铁芯 3 被吸入，带动瞬时动触点 8 分离，与瞬时静触点 5、6 闭合。压杆 9 由于衔铁的吸入被放松，使扇形齿轮 12 在拉引弹簧 17 的作用下顺时针转动，启动钟表机构。钟表机构带动延时主动触点 14，逆时针转向延时主静触点 15 经一段延时后，延时触点 14 与 15 闭合，继电器动作。通过调整延时主静触点 15 的位置来调整延时触点 14 到 15 之间的行程，从而调整继电器的延时时间。调整的时间在刻度盘上标出。线圈断电后，在返回弹簧 4 的作用下，可动铁芯 3 将压杆 9 顶起，使继电器返回。由于返回时钟表机构不起作用，所以继电器的返回是瞬时的。

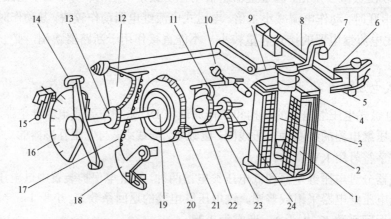

图 6-6 DS-110（120）型电磁式时间继电器的内部结构

1—线圈；2—铁芯；3—可动铁芯；4—返回弹簧；5，6—瞬时静触点；7—绝缘杆；8—瞬时动触点；

9—压杆；10—平衡锤；11—摆动卡板；12—扇形齿轮；13—传动齿轮；14—延时主动触点；

15—延时主静触点；16—刻度盘；17—拉引弹簧；18—弹簧拉力调节器；19—摩擦离合器；

20—主齿轮；21—小齿轮；22—擎轮；23，24—钟表机构传动齿轮

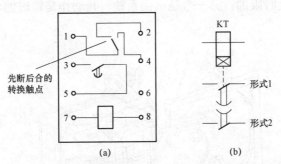

图 6-7 DS-110（120）型电磁式时间继电器内部接线和图形符号

（a）内部接线图；（b）图形符号

5. 电磁式信号继电器

在继电保护和自动装置中电磁式信号继电器用作动作指示，以便判别故障性质或提醒工作人员注意。工厂配电系统常用的 DX-11 型信号继电器的结构如图 6-8 所示，其内部接线和图形符号如图 6-9 所示，信号继电器的文字符号为 KS。

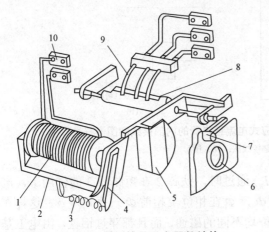

图 6-8 DX-11 型信号继电器的结构

1—线圈；2—铁芯；3—弹簧；4—衔铁；5—信号牌；

6—玻璃孔窗；7—复位旋钮；8—动触点；

9—静触点；10—接线端子

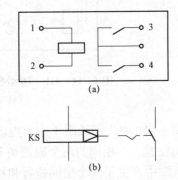

**图 6-9 DX-11 型信号继电器的
内部接线和图形符号**

（a）内部接线；（b）图形符号

正常时，继电器的信号牌 5 支承在衔铁 4 上面。当线圈 1 通电时，衔铁被吸向铁芯 2 使信号牌落下，同时带动转轴旋转 90°，使固定在转轴上的动触点 8 与静触点 9 接通，从而接通了灯光和音响信号回路。要使信号复归，可旋转复位旋钮 7，断开信号回路。

6.2.2 感应式继电器

在 6（10）kV 供电系统中，广泛使用感应式电流继电器作电流保护。因为它兼有电流继电器、时间继电器、中间继电器和信号继电器的作用，从而能大大简化继电器保护装置。

常用的 GL-10 型感应式电流继电器结构如图 6-10 所示。它由两大系统构成，一个是感应系统，其动作是反时限的；另一个是电磁系统，其动作是瞬时的。其内部接线和图形符号如图 6-11 所示。

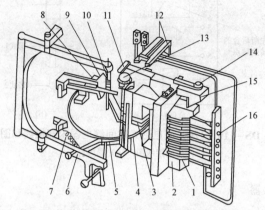

图 6-10　GL-10 型感应式电流继电器结构

1—线圈；2—铁芯；3—短路环；4—铝盘；5—钢片；6—铝框架；7—调节弹簧；8—制动永久磁铁；9—扇形齿轮；10—蜗杆；
11—扁杆；12—触点；13—时限调节螺钉；14—速断电流调节螺杆；15—衔铁；16—动作电流调节插销

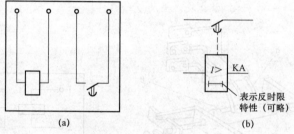

图 6-11　GL-10 型感应式电流继电器的内部接线和图形符号

（a）内部接线图；（b）图形符号

在图 6-10 中，当线圈 1 中有电流 I_{KA} 通过时，铁芯 2 在短路环 3 的作用下，产生在时间和空间位置上不相同的两个磁通 Φ_1 和 Φ_2，Φ_1 在相位上超前 Φ_2 一个角度 ϕ。这样在铁芯端部的空气隙中产生了两个空间位置和相位均不同的磁通，而且都穿过铝盘，由电工基础知识可知，如果两个磁通空间位置不重合，在时间上又有相位差时，那么其中一个磁通在铝盘内产生的感应涡流与另一个磁通相互作用，便产生了作用于铝盘的电磁力矩 M_1。铝盘 4 转动时，切割永久磁铁 8 的磁力线，因而在铝盘上产生涡流。该涡流与永久磁铁的磁场相互作用产生与转矩 M_1 方向相反的制动力矩 M_2。

当铝盘的转速增大到某一值时，M_1 与 M_2 平衡，铝盘匀速运转。铝盘转动时，M_1 与 M_2 二者作用于铝盘，使铝盘带动铝框架 6 有克服弹簧 7 的拉力绕轴顺时针偏转的趋势。线圈中的电流越大，则铝框架受力也越大。当电流足够大时，铝框架克服弹簧阻力而顺时针偏转，使铝盘前移。当铝框架转到蜗杆 10 与扇形齿轮 9 啮合时，扇形齿轮便随着铝盘的旋转而上升，从而启动继电器的感应系统。

当铝盘继续旋转使扇形齿轮上升抵达扁杆 11 时，将扁杆顶起，使衔铁 15 的右端因与铁芯 2 的空气隙减小而被吸向铁芯，触点 12 闭合。从继电器启动（蜗杆与扇形齿轮啮合瞬间）到触点闭合的这段时间，称为继电器的动作时限。图 6-12 所示为 GL-10 型感应式电流继电器的时限特性曲线。当通过线圈的电流越大，铝盘转动也越快，动作时限就越短，这种时限特性称为反时限特性，如图 6-12 曲线 a-b 段所示。随着继电器线圈电流的继续增大，铁芯逐渐到达饱和状态，这时，M_1 不再随 I_{KA} 增大而增大，继电器动作时限也不再减小，即进入定时限部分，如图 6-12 曲线 b-c 段所示。这种有一定限度的反时限特性称为有限反时限特性。

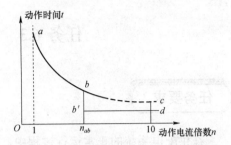

图 6-12 GL-10 型感应式电流继电器的时限特性曲线

这种继电器还装有瞬动元件，当继电器线圈中电流再继续增大到某一预先设定的倍数时，衔铁的右端被吸向铁芯。扁杆 11 向上运动使触点瞬时闭合，电磁系统瞬时动作，进入曲线的"速断"部分，如图 6-12 曲线 b-c 段所示。电磁系统的动作时间为 0.05～0.1 s。动作 n 曲线对应于开始速断时间的动作电流倍数，称为速断电流倍数，用 n_{ab} 表示。速断电流倍数可以通过电流速断调节螺杆 14 改变衔铁 15 与铁芯 2 之间的气隙大小来调节。气隙越大，速断电流倍数越大。当线圈中的电流减小到一定程度时，弹簧 7 将框架 6 拉回，使扇形齿轮 9 与蜗杆脱离，继电器则返回。

综上所述，感应式电流继电器具有电磁式电流继电器、电磁式中间继电器、电磁式时间继电器、电磁式信号继电器的功能，同时继电保护装置使用的元件少，接线简单，因此在供配电系统中得到广泛应用。

任务检查

按表 6-2 对任务完成情况进行检查记录。

表 6-2 任务完成情况检查记录表

项目名称：　　　　　　　　　　　工作组名称：

姓名	任务	存在问题	解决办法	任务完成情况	检查人签字	备注

任务完成时间：　　　　　　　　　组长签字：

任务 6.3 　电力线路的继电保护

任务要求

在供配电系统的正常运行过程中，在没有保护的情况下会发生一些故障，其中最常见的、最危险的故障是各种形式的短路。通过任务的学习应能够对系统故障进行分析，并能排除故障。

任务分析

配电系统一旦出现问题，存在的隐患不容小觑。为了避免切断电源时连同系统断电，减少不必要的损失，在电力系统正常运行的同时，必须考虑及时排除故障。通过学习掌握系统故障的原因，才能安全快速地解决各种各样的供配电线路故障。

知识学习

电力行业在近几年中迅速发展，线路设备在运行的过程中要求更高，电力配电线路运行过程中出现的故障问题，将会影响整个电力系统的运行，所以工作人员需要提升电力系统运行质量，减少故障。

6.3.1　电力线路运行的常见故障

1. 接地故障

线路中出现接地的情况有三种：工作接地、保护接地和故障接地。最为常见的是单相接地，工作接地主要是为了保证工作人员的安全，保护接地主要是为了保证电路设备运行的安全。如果线路中某一处绝缘点受到外力破坏，将会造成电压或电流过量，产生接地故障，破坏电力设备，同时影响人的生命安全。

2. 短路故障

短路故障是电力系统在运行时比较常见的，引起短路的因素很多，如工作人员在施工过程中操作不当，没有按照施工标准完成操作，很容易使绝缘作用消失，电路在运行的过程中呈现裸露现象，将会使对接两个线路形成短路。

3. 电路过载

同一个时间点如果线路中通过的电流量超过规定范围将会出现线路过载现象，所以在选择导线时需要注意选择适当的型号，防止负载超负荷运转，影响电路正常运行。

4. 雷击故障

电力故障在雷雨天气中经常出现，伤害范围比较广，雷雨天气中更容易出现雷击现象，造成线路出现不稳定，严重情况将会影响生命安全，所以工作人员需要防雷击，保护线路，同时处理雷击出现的故障，减少影响范围。

综上所述，电力系统中配电线路的作用很重要，一旦出现故障，需要及时了解出现故障的原因，并且了解故障出现的位置，从而解决问题，并在短时间恢复正常供电，在此过程中保证工作人员的安全和电力系统的稳定运行，能够保证电力资源的稳定以及安全。

按照 GB 50062—2008《电力装置的继电保护和自动装置设计规范》中规定应采用电流保护，并装设相间短路保护、单相接地保护和过负荷保护。输电线路发生相间短路时，最主要的特征是电源至故障点之间的电流会增大，故障相母线上电压会降低，利用这一特征可构成输电线路相间短路的电流、电压保护。它们主要用于 35 kV 及以下的中性点非直接接地电流电网中单侧电源辐射形线路。对单侧电源辐射形线路上的电流、电压保护采用的测量方式是：以流过被保护线路靠电源一侧的电流来判断故障点的电流，以母线上的电压来反映发生故障后电压的降低。

线路装设绝缘监视装置（零序电压保护）或单相接地保护（零序电流保护），保护动作于信号，作为单相接地故障保护。经常过负荷的电缆线路装设过负荷保护，动作于信号。

6.3.2 电流保护装置的接线方式和接线系数

电流保护装置的接线方式是指电流继电器与电流互感器二次绕组的连接方式。常用的接线方式有三种：三相三继电器接线方式、两相两继电器接线方式、两相一继电器接线方式。

为了便于分析和保护的整定计算，特引入接线系数 K_W，表述继电器电流 I_{KA} 与电流互感器二次侧电流 I_2 的比值，即

$$K_W = \frac{I_{KA}}{I_2} \tag{6-2}$$

式中，I_{KA} 为流入继电器的电流；I_2 为电流互感器二次侧电流。

1. 三相三继电器接线方式

当供电系统发生三相短路、任意两相短路、中性点直接接地、系统中任一单相接地短路时，至少有一个继电器中流过电流互感器的二次电流。

采用完全星形接线方式，流过继电器的电流就是互感器的二次电流，它是由 3 只电流继电器分别与 3 只电流互感器相连接，如图 6-13 所示。该接线方式不仅能反映各种类型的短路故障，而且灵敏度相同，所以其接线系数 $K_W = 1$，因此它的适用范围较广。但

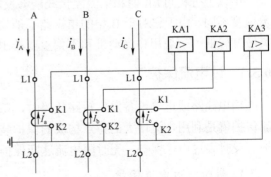

图 6-13 三相三继电器的完全星形接线

这种接线方式所用设备较多，主要用在中性点直接接地系统中作相间短路保护和单相接地短

路保护。

2. 两相两继电器接线方式

图 6-14 所示为两相两继电器的不完全星形接线方式，电流互感器统一装在 A、C 两相上。在发生三相短路和任意两相短路时，至少有一个继电器流过互感器的二次电流，且各种相间短路时，接线系数 $K_\mathrm{W} = 1$。若未接电流互感器的一相出现单相接地短路故障时，继电器不会动作，所以此接线方式不能用来保护单相接地短路。由于此种接线所用设备少，因此广泛用于 63 kV 及以下的中性点不直接接地的系统中。

3. 两相一继电器接线方式

图 6-15 所示为两相一继电器的接线方式。由于流入电流继电器的电流为两相互感器二次侧电流之差，即 $\dot{I}_{\mathrm{KA}} = \dot{I}_\mathrm{a} - \dot{I}_\mathrm{c}$，所以也称两相电流差接线。

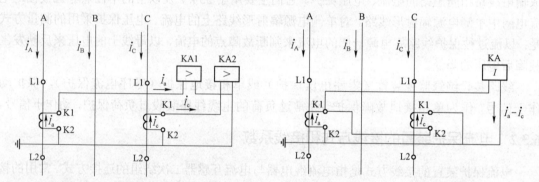

图 6-14　两相两继电器的不完全星形接线方式　　图 6-15　两相一继电器式接线方式

该接线方式在正常工作时或发生三相短路时，由于三相电流对称，流入继电器的电流 I_{KA} 为电流互感器二次电流的 $\sqrt{3}$ 倍，所以其接线系数 $K_\mathrm{W} = \sqrt{3}$。当 A、B 两相或 B、C 两相短路时，由于 B 相无电流互感器，流入继电器的电流等于互感器的二次电流，其接线系数 $K_\mathrm{W} = 1$。当 A、C 两相短路时，A 相和 C 相电流大小相等、方向相反，流入继电器的电流为互感器二次电流的 2 倍，其接线系数 $K_\mathrm{W} = 2$。当 B 相发生单相接地短路时，继电器中无电流，继电器不动作。

由以上分析可知，两相电流差接线能够反映各种相间短路故障，只是在不同相间短路时，灵敏度不同。由于它对于 B 相的单短路不能反映，因此只能用作相间保护。两相电流差接线灵敏度较低，一般用作电动机和不太重要的 10 kV 及以下线路的过电流保护。

6.3.3　过电流保护

输电线路或电气设备发生短路故障时，其重要的特征是电流突然增大和电压下降。过电流保护就是利用电流增大的特点构成的保护装置。这种过电流保护一般分为定时限过电流保护、反时限过电流保护、无时限电流速断保护和有时限电流速断保护等。

1. 带时限过电流保护

带时限的过电流保护按其动作时间特性分为定时限过电流保护和反时限过电流保护两种。定时限就是指保护装置的动作时间是固定的，与短路电流的大小无关；反时限就是指保护装置的动作时间与反映到继电器中的短路电流的大小成反比关系，短路电流越大，动作时间越短，所以反时限特性也称为反比延时特性或反延时特性。

1）带时限过电流保护的接线和工作原理

（1）定时限过电流保护的接线和工作原理。

电网的过电流保护装置均设在每一段线路的供电端，其接线如图6-16所示。

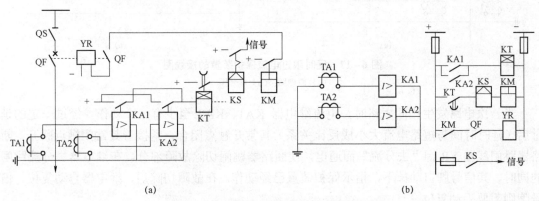

图6-16　定时限过电流保护装置的接线
（a）原理图；（b）展开图

图6-16中，TA1、TA2为电流互感器；KA1、KA2为电磁式过电流继电器，作为过电流保护的启动元件；KT为时间继电器，作为过电流保护的时限元件；KS为信号继电器，作为过电流保护的信号元件；KM为中间继电器，作为保护的执行元件；YR为断路器的跳闸线圈；触点QF为断路器操作机构控制的辅助常开触点。保护采用两相两继电器接线方式。

正常情况下，线路中流过的工作电流小于继电器的动作电流，继电器不能动作。当线路保护范围内发生短路故障时，流过线路的电流增加，当电流达到电流继电器的整定值时，电流继电器动作，其常开触点闭合，使时间继电器KT线圈有电；经过一定延时，KT触点闭合，接通信号继电器KS线圈回路，KS触点闭合，接通灯光、声响信号回路；信号继电器本身也具有指示牌显示，指示该保护装置动作。在KT触点闭合接通信号继电器的同时，中间继电器KM线圈也同时有电，其触点闭合使断路器跳闸线圈YR有电，动作于断路器跳闸，切除故障线路。断路器跳闸后，QF随即打开，切断断路器跳闸线圈回路，以避免直接用KM触点断开跳闸线圈时，其触点被电弧烧坏。在短路故障切除后，继电保护装置除KS外的其他所有继电器都自动返回起始状态，而KS需手动复位，完成保护装置的全部动作过程。

（2）反时限过电流保护的接线和工作原理。

反时限过电流保护的基本元件是GL系列感应式电流继电器。晶体管继电器也可组成反过流保护装置。这种保护的特点是在同一线路的不同地点，由于短路电流大小不同，因此保护具有不同的动作时限。短路点越靠近电源端，短路电流越大，动作时限越短。

图6-17所示为由GL系列感应式电流继电器构成的反时限过电流保护装置（不完全星形接线）接线图，图中KA1、KA2为GL系列感应式带有瞬时触电的反时限过电流继电器，继电器本身带有时限，并有动作及指示信号牌，所以回路不需要时间继电器和信号继电器。

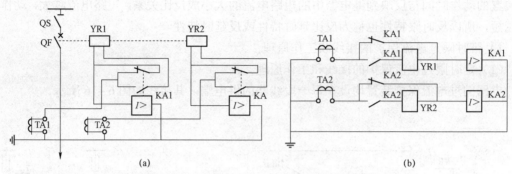

图 6-17　反时限过电流保护装置的接线图

（a）原理图；（b）展开图

当一次电路发生相间短路时，电流继电器 KA1、KA2 至少有一个动作，经过一定的延时后（延时时间与短路电流大小成反比关系）其常开触点闭合，紧接着其常闭触点断开，断路器跳闸线圈 YR 因"去分流"而通电，使断路器跳闸切除故障部分。在继电器去分流跳闸的同时，其信号牌自动掉下，指示保护装置已经动作。在故障切除后，继电器自动复位，信号牌则需要手动复位。

注意：GL 系列感应式电流继电器的常开、常闭触点的动作先后顺序（常开触点先闭合，常闭触点后断开），与一般的继电器触点状态变化正好相反。这样不仅保证了继电器的可靠动作，而且还保证了在继电器触点转换过程中，电流互感器二次侧不会带负荷开路。

2. 保护整定计算

过电流保护的整定通过动作电流整定、动作时限整定和保护灵敏系数校验三项内容来计算。

1）动作电流整定

动作电流整定必须满足下面两个条件：

（1）正常运行时，保护装置不动作。保护装置一次侧的动作电流 I_{op1} 应大于该线路最大负荷电流 $I_{L.max}$，即 $I_{op1} > I_{L.max}$。

（2）保护装置一次侧的返回电流 I_{re1} 应大于线路最大负荷电流 $I_{L.max}$，即 $I_{re1} > I_{L.max}$，以保证保护装置在外部故障切除后，能可靠地返回原始位置，以免在最大负荷通过时保护装置误动作。由于过电流保护 $I_{op1} > I_{re1}$，所以将 $I_{re1} > I_{L.max}$ 作为动作电流整定依据，同时引入保护装置 YR 的可靠系数 K_{re1}，线路的最大负荷电流应根据线路实际的过负荷情况，特别是尖峰电流（包括电动机的自启动电流）情况而定。

继电器动作电流的整定公式为

$$I_{op.KA} = \frac{K_{rel} K_W}{K_{re} K_i} I_{L.max} \tag{6-3}$$

式中，$I_{op.KA}$ 为继电器的动作电流；K_{rel} 为保护装置的可靠系数，对 DL 系列继电器取 1.2，对 GL 系列继电器取 1.3；K_W 为保护装置的接线系数，三相式、两相式接线取 1，两相差式接线取 $\sqrt{3}$；K_{re} 为保护装置的返回系数，对 DL 系列继电器取 0.85，对 GL 系列继电器取 0.8；

K_i 为电流互感器变比；$I_{L.max}$ 为线路的最大负荷电流，可取为线路计算电流 I_c 的 1.5～3 倍，即 $I_{L.max} = (1.5 \sim 3)I_c$。

如果用断路器手动操作机构的过电流脱扣器 YR 作过电流保护，则脱扣器动作电流按下式进行整定，即

$$I_{op.KA} = \frac{K_{rel}K_W}{K_i}I_{L.max} \tag{6-4}$$

式中，K_{rel} 为保护装置 YR 的可靠系数，取 2～2.5。

由式（6-5）求得继电器动作电流计算值，确定其动作电流整定值。保护装置一次侧的动作电流为

$$I_{op1} = \frac{K_i}{K_W}I_{op.KA} \tag{6-5}$$

2）动作时限的整定

（1）定时限过电流动作时限的整定。

定时限过电流保护装置的时限整定应遵守时限的"阶梯原则"。为了使保护装置以可能的最小时限切除故障线路，位于电网末端的过电流保护不设延时元件，其动作时间等于电流继电器和中间继电器本身固有的动作时间之和，为 0.07～0.09 s。

为了保证前后两级保护装置动作的选择性，在后一级保护装置的线路首端即 k 点发生三相短路时，前一级保护的动作时间 t_1 应比后一级保护的动作时间 t_2 要大一个时间差 Δt，即

$$t_1 \geqslant t_2 + \Delta t \tag{6-6}$$

靠近电源侧的各级保护装置的动作时间取决于时限级差 Δt 的大小，Δt 越小，各级保护装置的动作时限越小。但 Δt 不可过小，否则不能保证选择性。在确定 Δt 时，应考虑断路器的动作时间，前一级保护装置工作时限可能发生提前动作的负误差，后一级保护装置可能发生滞后动作的正误差，为了保证前后级保护装置的动作选择性，还应该考虑加上一个保险时间，Δt 为 0.5～0.7 s。

对于定时限过电流保护，可取 $\Delta t = 0.5$ s；对于反时限过电流保护，可取 $\Delta t = 0.7$ s。

（2）反时限过电流动作时限的整定。

为了保证动作的选择性，反时限过电流保护也应满足时限的"阶梯原则"。但由于感应电流继电器的动作时限与短路电流的大小有关，继电器的时限调节机构是按 10 倍动作电流来标度的，而实际通过继电器的电流一般不会正好就是动作电流的 10 倍，所以必须根据继电器的动作特性曲线来确定。

图 6-18（a）中已知线路 WL2 保护继电器 KA2 的特性曲线如图 6-18（b）所示。保护继电器 KA2 的动作电流为 $I_{op.KA2}$，线路 WL1 保护继电器 KA1 的动作电流为 $I_{op.KA1}$，整定线路 WL1 保护的动作时限。线路中的 KA2 的 10 倍动作电流时间已整定为 t_2，现在要求整定前一级保护装置 KA1 的 10 倍动作电流时间 t_1，整定计算步骤如下：

① 计算线路 WL2 首端 K 点三相短路时保护继电器 KA2 中的动作电流倍数 n_2，即

$$n_2 = \frac{I_{K.KA2}}{I_{op.KA2}} \tag{6-7}$$

式中，$I_{K.KA2}$ 为 K 点三相短路时流经保护继电器 KA2 的电流，且 $I_{K.KA2} = \dfrac{K_{W.KA2} I_K}{K_{i.KA2}}$，其中 $K_{W.KA2}$ 和 $K_{i.KA2}$ 为保护继电器 KA_2 的接线系数和电流互感器的变比。

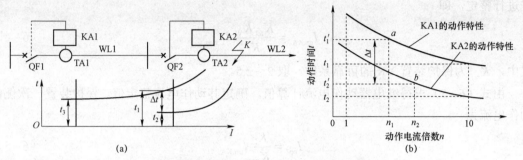

图 6−18　反时限过电流动作时限的整定

（a）短路点距离与动作时限的关系；（b）继电器动作特性曲线

② 确定 KA2 的实际动作时限。图 6−18（b）中，由 n_2 从 KA2 的动作特性曲线找到该曲线上的 b 点，该点所对应的动作时限 t_2'。

③ 计算 KA1 的实际动作时限，即 $t_1' = t_2' + \Delta t = t_2' + 0.7$。

④ 计算 K 点三相短路时保护继电器 KA1 的实际动作电流倍数 n_1，即

$$n_1 = \frac{I_{K.KA1}}{I_{op.KA1}} \tag{6-8}$$

式中，$I_{K.KA1}$ 为 K 点三相短路时流经保护继电器 KA1 的电流，且 $I_{K.KA1} = \dfrac{K_{W.KA1} I_K}{K_{i.KA1}}$，其中 $K_{W.KA1}$ 和 $K_{i.KA1}$ 分别为保护继电器 KA1 的接线系数和电流互感器的变比。

⑤ 图 6−18（b）中的 a 点所在曲线即 KA1 的动作特性曲线，并确定 10 倍动作电流倍数下的动作时限。

由此可见，K 点是线路 WL2 的首端和线路 WL1 的末端，也是上下级保护的时限配合点，若在该点的时限配合满足要求，在其他各点短路时都能保证动作的选择性。

3）灵敏系数校验

过电流保护的灵敏度是用系统最小运行方式下线路末端的两相短路电流 $I_{K.min}^{(2)}$ 进行校验。

$$K_S = \frac{I_{K.min}^{(2)}}{I_{op1}} = \frac{K_w I_{K.min}^{(2)}}{K_i I_{op.KA}} \tag{6-9}$$

式中，K_S 为过电流保护的灵敏系数。按规定，灵敏系数在主保护中 $K_S \geqslant 1.5$；当过电流保护作后备保护时，$K_S \geqslant 1.2$。

若过电流保护的灵敏系数达不到要求，可采用带低电压闭锁的过电流保护，此时电流继电器动作电流按线路的计算电流整定，以提高保护的灵敏度。

定时限过电流保护的整定值按大于本级线路流过的最大负荷电流整定，不但保护本级线路，而且保护下级线路，可以起后备保护的作用。当远处短路时，应当保证离故障点最近的

过电流保护最先动作，这就要求保护必须在灵敏度和动作时间上逐级配合，最末端的过电流保护灵敏度最高、动作时间最短，每向上一级，动作时间增加一个时间级差，动作电流也要逐级增加，否则，就有可能出现越级跳闸、非选择性动作现象的发生。在靠近电源处短路时，保护装置的动作时限太长。定时限过电流保护动作准确，容易整定，而且不论短路电流大小，动作时限是固定的，不会因短路电流小而动作时间长。但是继电器较多，接线比较复杂，需直流操作电源。反时限过电流保护的整定、配合较麻烦，继电器动作时限误差较大，当距离保护装置安装处较远的地方发生短路时，其动作时间较长，延长了故障持续时间。

由上述可知，反时限过电流保护装置具有继电器数目少、接线简单以及可直接采用交流操作电源等优点，所以在 $6\sim10$ kV 供配电系统中得到了广泛的使用。

例 1 如图 6-19 所示，某厂 10 kV 供电线路，保护装置接线方式为两相式接线。已知 WL2 的最大负荷电流为 60 A，TA1 的变比为 $150/5$，TA2 的变比为 $100/5$，继电器均为 DL 型电流继电器。已知 TA1 已整定，其动作电流为 10 A，动作时间为 1 s。试求整定保护装置 TA2 的动作电流、一次侧动作电流和动作时间。

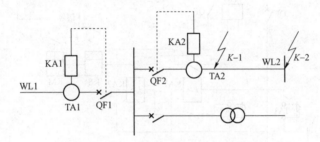

图 6-19 某厂 10 kV 供电线路

解：① 整定 KA2 的动作电流。

根据题意，取 $K_{re1}=1.2$，$K_{re}=0.85$，$K_{W}=1$，已知 $I_{L.max}=60$ A，$K_{i.KA2}=\dfrac{100}{5}=20$，则

$$I_{op.KA2}=\frac{K_{re1}K_{W}}{K_{re}K_{i.KA2}}I_{L.max}=\frac{1.2\times1}{0.85\times20}\times60\approx4.24\ (\text{A})$$

根据 DL 系列电磁式电流继电器的技术数据，KA2 选择 DL-11/10 型电流继电器，线圈串联，动作电流整定为 4 A。KA2 的一次侧动作电流为

$$I_{op1.KA2}=\frac{K_{i.KA2}}{K_{W}}I_{op.KA2}=\frac{20}{1}\times4=80\ (\text{A})$$

② 整定 KA2 的动作时限。

保护装置 KA1 的动作时限应比保护装置 KA2 的动作时限大一个时间阶段 Δt，取 $\Delta t=0.5$ s，因为 KA1 的动作时间是 $t_1=1$ s，所以 KA2 的动作时间为

$$t_2=t_1-\Delta t=1-0.5=0.5\ (\text{s})$$

3. 电流速断保护

从带时限的过流保护可见，线路越靠近电源，过电流保护的动作时限越长，而短路危害

也越大。根据电网对继电保护装置速动性的要求，在保证选择性及简单、可靠的前提下，在各种电气元件上，应装设快速动作的继电保护装置。因此，GB 50062—2008 规定：当过电流保护动作时限超过 0.5～0.7 s 时，应装设瞬时电流速断保护。

1）电流速断保护的接线和工作原理

电流速断保护有瞬时电流速断保护和时限电流速断保护两种。反应电流增大且瞬时动作的保护称为瞬时电流速断保护，是一种不带时限的电流速断保护。时限电流速断保护是一种带时限的电流速断保护，实际中电流速断保护常与过电流保护配合使用。

电流速断保护原理如图 6-20 所示，图中 TA1、TA2 为电流互感器，KA1、KA2 为电磁式过电流继电器，作为过电流保护的启动元件；KS 为信号继电器，KM 为中间继电器，作为保护的执行元件；YR 为断路器的跳闸线圈，作为执行元件；QF 为断路器操作机构控制的辅助常开触点。保护采用两相两继电器接线方式。

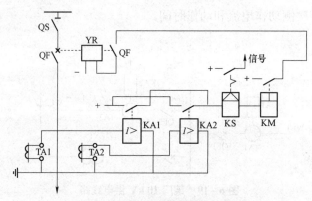

图 6-20　电流速断保护原理

当线路发生短路，流经继电器的电流大于电流速断的动作电流时，电流继电器动作，其常开触点闭合，接通信号继电器 KS 和中间继电器 KM 回路，KM 动作，其常开触点闭合，接通断路器跳闸线圈 YR 回路，断路器 QF 跳闸，将故障部分切除；同时，KS 常开触点闭合，接通信号回路发出灯光和音响信号。

2）瞬时电流速断保护的整定

（1）动作电流的整定。

由于电流速断保护不带时限，为了保证速断保护动作的选择性，在下一级线路首端发生最大短路电流时，电流速断保护不应动作，所以，电流速断保护的动作电流必须按躲过它所保护线路末端在最大运行方式下发生的短路电流来整定。如图 6-21 所示，WL1 末端 $K-1$ 点的三相短路电流，实际上与其后一段 WL2 首端 $K-2$ 点的三相短路电流几乎是相等的。因此，瞬时电流速断保护动作电流的整定计算公式为

$$I_{op.KA} = \frac{K_{rel}K_W}{K_i}I_{K.max} \qquad (6-10)$$

式中，$I_{op.KA}$ 为瞬时电流速断保护继电器的动作电流；K_{rel} 为保护装置的可靠系数，对 DL 系列继电器取 1.2～1.3，对 GL 系列继电器取 1.4～1.5；K_W 为保护装置的接线系数；K_i 为电流

互感器变比；$I_{K.max}$ 为被保护线路末端短路时的最大短路电流。对 GL 系列继电器，还需要整定瞬时速断的动作电流倍数，即

$$n_{ioc} = \frac{I_{op.KA(ioc)}}{I_{op.KA(oc)}} \qquad (6-11)$$

式中，$I_{op.KA(ioc)}$ 为瞬时电流速断保护继电器的动作电流整定值；$I_{op.KA(oc)}$ 为过电流保护继电器的动作电流整定值。

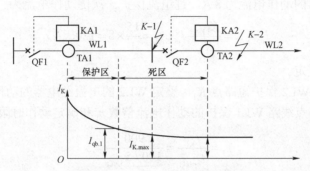

图 6-21　电流速断保护原理图

由于瞬时电流速断保护的动作电流是按躲过线路末端的最大短路电流来整定的，因此，在靠近线路末端的一段线路上发生的不一定是最大短路电流时，速断保护就不会动作。也就是说，瞬时电流速断保护实际不能保护线路的全长，这种保护装置不能保护的区域称为"死区"。

为了弥补"死区"得不到保护的缺点，在装设电流速断保护的线路上，必须配备带时限的过电流保护。在电流速断的保护区内，速断保护为主保护，时限不超过 0.1 s，过电流保护为后备保护；而在电流速断保护的"死区"内，过电流保护为基本保护。

（2）灵敏系数的校验。

电流速断保护的灵敏度必须满足的条件是

$$K_S = \frac{I_{K.min}^{(2)}}{I_{op1}} \geqslant 1.5 \qquad (6-12)$$

式中，$I_{K.min}^{(2)}$ 为线路首端在系统最小运行方式下的两相短路电流。

例 2　图 6-22 所示的 10 kV 线路中，WL1 和 WL2 都采用 GL-15/10 型电流继电器构成两相两继电器接线的过电流保护和速断保护。已知 TA1 的变比为 100/5，TA2 的变比为 75/5，WL1 的过电流保护动作电流整定为 9 A，10 倍动作电流倍数为 1 s，WL2 的计算电流为 36 A，WL2 首端三相短路电流为 900 A，末端三相短路电流为 320 A，试整定线路 WL2 的保护。

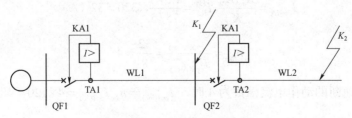

图 6-22　电流速断保护原理图

解：线路 WL2 由 GL-15/10 型感应式电流继电器构成两相式的过电流保护和瞬时电流速断保护。

1. 过电流保护

（1）动作电流整定。

$$I_{op.KA} = \frac{K_{re1}K_W}{K_{re}K_i}I_{L.max} = \frac{1.3 \times 1}{0.8 \times (75/5)} \times 2 \times 36 = 7.8 \approx 8 \text{（A）}$$

根据整定继电器的动作电流为 8 A，过电流保护一次侧动作电流为

$$I_{op1.KA2} = \frac{K_{i.KA2}}{K_W}I_{op.KA2} = \frac{15}{1} \times 8 = 120 \text{（A）}$$

（2）动作时限整定。

由线路 WL1 和 WL2 保护短路点 K_1，整定 WL2 的电流继电器的动作时限。

① 计算 K_1 短路点线路 WL1 保护的动作电流倍数 n_1 和确定动作时限 t_1。

$$n_1 = \frac{I_{K1}^{(3)}}{I_{op1(1)}} = \frac{900}{\frac{100/5}{1} \times 9} = 5$$

由 $n_1 = 5$ 查 GL-15 型电流继电器 $t|_{n=10} = 1\,\text{s}$ 的特性曲线，得 $t_1 = 1.4\,\text{s}$。

② 计算 K_1 短路点线路 WL2 保护的动作电流倍数 n_2 和确定动作时限 t_2。

$$n_2 = \frac{I_{K1}^{(3)}}{I_{op1(2)}} = \frac{900}{120} = 7.5$$

$$t_2 = t_1 - \Delta t = 1.4 - 0.7 = 0.7 \text{（s）}$$

由 $n_2 = 7.5$，$t_2 = 0.7\,\text{s}$，查 GL-15 型电流继电器特性曲线，得 10 倍动作电流时限为 0.6。

（3）灵敏系数校验。

$$I_{K.min}^{(2)} = \frac{\sqrt{3}}{2} \times I_{K(2)}^{(3)} = 0.866 \times 320 = 277.12 \text{（A）}$$

$$K_S = \frac{I_{K.min}^{(2)}}{I_{op1}} = \frac{277.12}{120} \approx 2.3 > 1.5$$

WL2 过电流保护整定满足要求。

2. 瞬时电流速断保护的整定

（1）动作电流整定。

$$I_{op.KA} = \frac{K_{re1}K_W}{K_i}I_{K2}^{(3)} = \frac{1.5 \times 1}{75/5} \times 320 = 32 \text{（A）}$$

$$n_{ioc} = \frac{I_{op.KA(ioc)}}{I_{op.KA(oc)}} = \frac{32}{8} = 4$$

当整定瞬时速断的动作电流倍数为 4 时，$I_{op1(ioc)} = n_{ioc}I_{op1(oc)} = 4 \times 120 = 480 \text{（A）}$。

（2）灵敏系数校验。

$$K_S = \frac{I_{K.min}^{(2)}}{I_{op1}} = \frac{\frac{\sqrt{3}}{2} \times 900}{480} \approx 1.6 > 1.5$$

WL2 瞬时速断电流保护整定满足要求。

3. 带时限电流速断保护的整定

（1）动作电流整定。

由于瞬时电流速断保护不能保护线路的全长，其保护范围以外的故障必须由其他的保护装置来切除。为了较快地切除余下部分线路的故障，可增设时限电流速断保护。时限电流速断保护的范围必然要延伸到下级线路的一部分，这种带有小时限的时限电流速断保护称为带时限电流速断保护。

因此带时限电流速断保护的动作电流必须满足两个条件：

① 应躲过下级线路末端的最大短路电流；

② 应与下级线路瞬时电流速断保护的动作电流相配合。

对于下级线路瞬时电流速断保护的动作电流是按该线路末端的最大短路电流进行整定，因此带时限电流速断保护的动作电流应大于下级线路瞬时电流速断保护的动作电流 $I_{op1(ioc)}$，所以带时限电流速断保护继电器的动作电流整定值为

$$I_{op.KA} = \frac{K_{rel}K_W}{K_i} I_{op1(ioc)} \qquad (6-13)$$

式中，K_{rel} 为保护装置的可靠系数，取 $1.2 \sim 1.3$；K_W 为保护装置的接线系数；K_i 为电流互感器变比。

（2）动作时限整定。

为了获得保护的选择性，以便和相邻线路保护相配合，时限电流速断保护就必须带有一定的动作时限，时限的大小与保护范围延伸的程度有关。为了尽量缩短保护的动作时限，通常时限电流速断保护范围不超出下级线路瞬时电流速断保护范围，这样，它的动作时限只需比下级线路瞬时电流速断保护的动作时限大一个时限级差Δt。对于不同形式的断路器及继电器，Δt 为 $0.35 \sim 0.6$ s，通常取$\Delta t = 0.5$ s。

（3）灵敏系数的校验。

带时限速断保护的灵敏系数的校验点应选在系统最小运行方式下线路末端的两相短路电流值 $I_{K.min}^{(2)}$，其灵敏系数计算公式为

$$K_S = \frac{I_{K.min}^{(2)}}{I_{op1}} \geq 1.2 \qquad (6-14)$$

综上所述，带时限电流速断保护的选择性是部分依靠动作电流的整定，部分依靠动作时限的配合获得的。瞬时电流速断保护和带时限电流速断保护的配合工作，可使全线路范围内的短路故障都能以 0.5 s 的时限切除，故这两种保护可配合构成输电线路的主保护。

6.3.4 单相接地保护

工厂企业 3～63 kV 供电系统，电源中性点的运行方式采用小接地电流系统。当这种电网发生单相接地故障时，故障电流往往比负荷电流要小得多，并且系统的相间电压仍保持对称，所以不影响电网的继续运行。但是单相接地后，非故障相对地电压升高，长期运行将危害系统绝缘，甚至击穿对地绝缘，引发两相接地短路，造成停电事故。因此，线路必须装设有选择性的单相接地保护装置或无选择性的绝缘监视装置，动作于信号或跳闸。

1. 多线路系统单相接地分析

供电系统中有若干条线路，图 6-23 所示为三回路系统单相接地时的电容电流分布图。全系统 C 相对地电压为零，所有流经 C 相的对地电容电流也为零。各线路上的 A 相和 B 相有对地电容电流分别是 I_{CO1}、I_{CO2}、I_{CO3}，都通过故障线路流过接地点构成回路。

当系统 C 相接地，线路 WL1、WL2、WL3 的 C 相对地电容电流均为零，仅 A 相和 B 相有对地电容电流且较正常运行时增大 $\sqrt{3}$ 倍。由于三相对地电容电流不对称，线路 WL1、WL2、WL3 的接地电流分别为

$$I_{C_1} = \sqrt{3} I'_{CO1} = 3 I_{CO1} \tag{6-15}$$

$$I_{C_2} = \sqrt{3} I'_{CO2} = 3 I_{CO2} \tag{6-16}$$

$$I_{C_3} = \sqrt{3} I'_{CO3} = 3 I_{CO3} \tag{6-17}$$

所有线路的接地电容电流均流向接地点，因此，流过接地点的电流为

$$I_{C\Sigma} = I_{C_1} + I_{C_2} + I_{C_3} \tag{6-18}$$

流经故障线路 WL3 的电流互感器 TA3 的是接地故障电流 $I_E^{(1)}$，即

$$I_E^{(1)} = I_{C\Sigma} - I_{C_3} = I_{C_1} + I_{C_2} = 3(I_{CO1} + I_{CO2}) \tag{6-19}$$

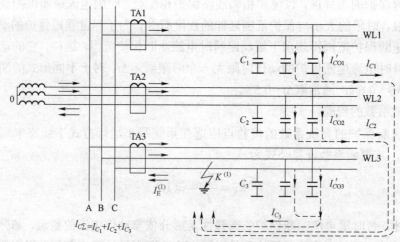

图 6-23 三回路系统单相接地时的电容电流分布图

综上所述，多回路供配电系统接地电容电流分布的特点为：

（1）流过接地线路的总接地电流 I_E 等于所有在电气上有直接联系的线路的接地电容电

流之和 $I_{C\Sigma}$ 减去接地线路的接地电容电流 I_C。I_E 的方向从线路流向母线。

（2）流过非接地线路的接地电容电流就是该非接地故障线路的接地电容电流，它的方向从母线流向线路。

若在线路首端安装零序电流互感器，检测发生单相接地时流过线路的接地电容电流即零序电流，可实现有选择性的单相接地保护。

2．单相接地保护

1）单相接地保护的接线与工作原理

单相接地保护利用故障线路零序电流比非故障线路零序电流大的特点，实现有选择性保护。如图 6-24 所示，在系统正常运行或发生三相对称短路时，由三相电流产生的三相磁通向量之和在零序电流互感器二次侧为零，所以在电流互感器中不会感应产生零序电流，继电器不动作。当发生单相接地故障时，就有接地电容电流通过，此电流在零序互感器二次侧感应出零序电流，使继电器动作并发出信号。

这种单相接地保护装置能较灵敏地监察小接地电流系统对地绝缘，而且从各条线路的接地保护信号中可以准确判断出发生单相接地故障的线路，适用于高压出线较多的供电系统。

对于架空线路，保护装置可接在一个电流互感器构成的零序电流过滤回路中，如图 6-24（a）所示。对于电缆线路，在安装单相接地保护时，必须使电缆头与支架绝缘，并将电缆头的接地线穿过零序互感器后再接地，以保证接地保护可靠地动作。零序电流通过零序电流互感器取得，如图 6-24（b）所示。零序电流互感器有一个环状铁芯，套在被保护的电缆上，利用电缆作为一次线圈，二次线圈绕在环状铁芯上与电流继电器连接。

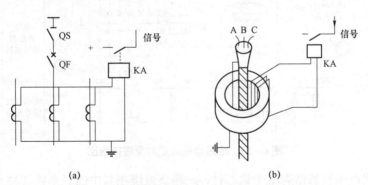

(a) (b)

图 6-24 三回路系统单相接地时的电容电流分布图

(a) 架空线路；(b) 电缆线路

2）动作电流整定

单相接地保护动作电流的整定、保护装置的动作电流整定必须保证选择性。当电网某线路发生单相接地故障时，因为非故障线路流过的零序电流是其本身的电容电流，在此电流作用下，零序电流保护不应动作。因此，其动作电流应为

$$I_{\text{op.KA}} = \frac{K_{\text{rel}}}{K_i} I_C \qquad (6\text{-}20)$$

式中，K_{rel} 为保护装置的可靠系数，若保护为瞬时动作时取 4～5，若保护为带时限动作时取 1.5～2；K_i 为零序电流互感器的变比。

保护装置一次侧动作电流为

$$I_{op1} = K_i I_{op.KA} \tag{6-21}$$

3）灵敏系数校验

保护装置的灵敏度按被保护线路上发生单相接地故障时，流过接地线路的总接地电流 I_E 进行校验，即

$$K_S = \frac{I_E}{I_{op1}} = \frac{I_{C\Sigma} - I_C}{I_{op1}} \tag{6-22}$$

若在架空线路中，$K_S \geqslant 1.5$；若在电缆线路中，$K_S \geqslant 1.25$。

3. 绝缘监视装置

在变电所中，一般均装设绝缘监视装置来监视电网对地的绝缘状况。当变电所出线回路较少或线路允许短时停电时，可采用无选择性的绝缘监视装置作为单相接地的保护装置。图 6-25 所示为绝缘监视装置的原理接线图。在变电所每段母线上装一只三相五柱电压互感器或三只单相三绕组电压互感器，在接成 Y 的二次绕组上接三只相电压表，在接成开口三角形的二次绕组上接一只电压继电器。

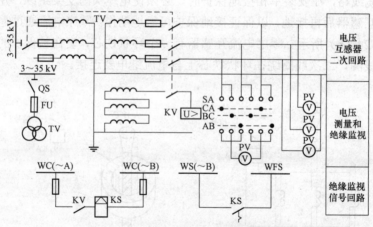

图 6-25　绝缘监视装置的原理接线图

三相五柱式电压互感器有五个铁芯柱，三相绕组绕在其中的三个铁芯柱上。原绕组接成星形，副绕组有两组，其中一个副绕组接成星形，三个电压表接在相电压上。另一个副绕组接成开口三角形，开口处接入一个电压继电器，用来反映线路单相接地时出现的零序电压。为了使电压互感器反映出电网单相接时的零序电压，电压互感器的中性点必须直接接地。

当系统正常运行时，电网三相电压对称，此时无零序电压产生，三只电压表读数近似相等，而开口三角形绕组两端电压近似为零，电压继电器不动作。若系统发生单相接地故障时，接地相对地电压近似为零，该相电压表读数近似为零，非故障相对地电压升高 $\sqrt{3}$ 倍，非故障相的两只电压表读数升高，近似为线电压。同时，开口三角形绕组两端电压也升高，近似为 100 V，电压继电器动作，发出单相接地信号，以便运行人员及时处理。因此，绝缘监视

装置又称为零序电压保护。

运行人员可根据接地信号和电压表读数，判断哪一段母线、哪一相发生单相接地，但不能判断哪一条线路发生单相接地，因此绝缘监视装置是无选择性的，只能采用依次先断再合上各条线路判断接地故障线路。若断开某线路时，三只相电压表读数恢复近似相等，该线路便是接地故障线路，消除接地故障，恢复线路正常运行。

电压继电器的动作电压整定应躲过系统正常运行时，开口三角形绕组两端出现的最大不平衡电压。

6.3.5　过负荷保护

线路一般不装设过负荷保护。只有经常可能发生过负荷的电缆线路才装设过负荷保护，

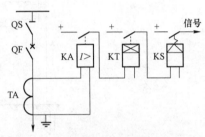

延时动作于信号，其原理接线图如图6-26所示。由于过负荷电流对称，过负荷保护采用单相式接线，并和相间保护共用电流互感器。

过负荷保护的动作电流按线路的计算电流 I_c 整定，即

$$I_{op.KA} = \frac{K_{rel}}{K_i} I_c \qquad (6-23)$$

图6-26　线路过负荷保护原理接线图

式中，K_{rel} 为保护装置的可靠系数，取 1.2～1.3；K_i 为零序电流互感器的变比。

动作时间一般整定为 10～15 s。

任务检查

按表6-3对任务完成情况进行检查记录。

表6-3　任务完成情况检查记录表

项目名称：　　　　　　　　　　工作组名称：

姓名	任务	存在问题	解决办法	任务完成情况	检查人签字	备注

任务完成时间：　　　　　　　　组长签字：

任务 6.4　工厂低压供电系统的保护

试根据图 6-27 所示漏电断路器的电路图，说明漏电断路器的基本原理。

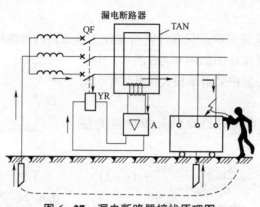

图 6-27　漏电断路器接线原理图

任务分析

正常运行时，主电路三相电流的相量和为零，因此零序电流互感器 TAN 的铁芯中没有磁通，其二次侧没有输出电流。如果设备发生漏电或单相接地故障时，由于三相电流的相量和不为零，那么断路器如何跳闸，从而切除故障电路和设备，避免人员发生触电事故？

知识学习

我国配电系统的电压等级，根据《城市电网规划设计导则》的规定，220 kV 及其以上电压为输变电系统，35 kV、63 kV、110 kV 为高压配电系统，10 kV、6 kV 为中压配电系统，380 V、220 V 为低压配电系统。

低压配电系统通常采用熔断器保护和低压断路器保护。

6.4.1　熔断器保护

低压熔断器广泛应用于低压 500 V 以下的电路中。通常它串联在被保护的设备前端或在电源引出线上，作为电力线路、电动机及其他电器的过载及短路保护。

1. 熔断器的选用

熔断器的选用及其与导线的配合对保护电力线路和电气设备的熔断器熔体选择条件

如下：

（1）熔断器的熔体电流应不小于线路正常运行时的计算负荷电流，即 $I_{NFU} \geqslant I_{30}$。

（2）熔断器的熔体电流应躲过由于电动机启动而引起的尖峰电流，即 $I_{NFU} \geqslant kI_{PK}$，其中 k 为选择熔体时用的计算系数。轻负荷启动时间在 3 s 以下，$k = 0.25 \sim 0.35$；重负荷启动时间在 $3 \sim 8$ s，$k = 0.35 \sim 0.5$；超过 8 s 的重负荷启动或频繁启动、反接制动等，$k = 0.5 \sim 0.6$。

（3）熔断器的保护还应与被保护的线路相配合，使之不至于发生因过负荷和短路引起绝缘导线或电缆过热起燃而熔断器不熔断的事故。此时熔断器的熔体电流必须和导线或电缆的允许电流相配合，即 $I_{NFU} \leqslant K_{OL} I_{al}$，式中，$K_{OL}$ 为绝缘导线和电缆运行短路过负荷系数，电缆或穿管绝缘导线 $K_{OL} = 2.5$，明敷电缆 $K_{OL} = 1.5$；对于已装设其他过负荷保护的绝缘导线、电缆线路需要装设熔断器保护时，$K_{OL} = 1.25$；I_{al} 为导线或电缆的允许电流。

2. 熔断器额定电流整定

对保护变压器的熔断器，其熔体额定电流可按下式选定：

$$I_{NFU} = (1.5 \sim 2.0)I_{NT} \qquad (6-24)$$

式中，I_{NT} 为熔断器装设位置侧的变压器的额定电流。

3. 熔断器灵敏系数校验

为了保证熔断器在其保护范围内发生最轻微的短路故障时都能可靠、迅速地熔断，熔断器保护的灵敏度必须满足下式：

$$K_S = \frac{I_{K.min}}{I_{NFU}} \geqslant k \qquad (6-25)$$

式中，$I_{K.min}$ 为熔断器保护线路末端在系统最小运行方式下的短路电流。对中性点直接接地系统，取单相短路电流；对中性点不接地系统，取两相短路电流；对保护降压变压器的高压熔断器，取低压母线的两相短路电流换算到高压侧之值；k 为检验熔断器保护灵敏度的最小比值，见表 6-4。

表 6-4 检验熔断器保护灵敏度的最小比值

熔体额定容量/A		$4 \sim 10$	$16 \sim 32$	$40 \sim 63$	$80 \sim 200$	$250 \sim 500$
熔断时间/s	5	4.5	5	5	6	7
	0.4	8	9	20	11	—

4. 前后熔断器之间的选择性配合

为了保证动作选择性，最接近短路点的熔断器熔体先熔断，以避免影响更多的用电设备正常工作，必须要考虑前、后级熔断器熔体的配合。前、后级熔断器的选择性配合，宜按它们的保护特性曲线（安秒特性曲线）来校验。

在图 6-28（a）所示线路中，假设支线 WL2 的 K 点发生三相短路，则三相短路电流要同时流过 FU1 和 FU2。若按保护选择性要求，应该是 FU2 的熔体首先熔断，切除故障线路 WL2，而 FU1 不再熔断，干线 WL1 保持正常。但是，熔体实际熔断时间与其标准保护特性曲线上（又称安秒特性曲线）所查得的熔断时间 k 可能有 30%～50% 的偏差。从最不利的情况考虑，设 K 点短路时，FU1 的实际熔断时间 t_1' 比由标准保护特性曲线查得的时间 t_1 小 50%（负偏查），即 $t_1' = 0.5t_1$，而 FU2 的实际熔断时间 t_2' 又比由标准保护特性曲线查得的时间 t_2 大 50%（正偏差），即 $t_2' = 1.5t_2$。由图 6-28（b）可以看出，要保证前、后两级熔断器的动作选择性，必须满足的条件为 $t_1' > t_2'$，即 $0.5t_1 > 1.5t_2$。因此，保证前、后级熔断器之间选择性动作的条件为 $t_1 > 3t_2$。

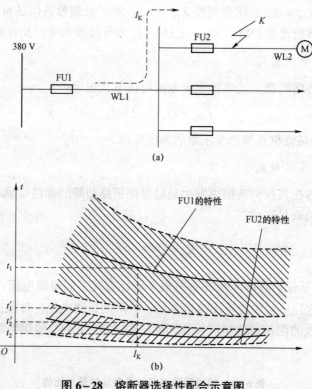

图 6-28 熔断器选择性配合示意图
（a）线路图；（b）特性曲线图

6.4.2 低压断路器保护

低压短路器既能带负荷通断电流，又能在短路、过负荷和失压时自动跳闸。

1. 低压断路器在低压配电系统中的配置

在图 6-29 中，3、4 号接线适用于低压配电出线；1、2 号接线适用于两台变压器供电的情况，配置的刀开关 QK 是为了方便检修；5 号出线适用于电动机频繁启动；6 号出线是低压断路器与熔断器的配合使用方式，适用于开关断流能力不足的情况下作过负荷保护，靠熔断器进行短路保护，在过负荷和失压时断路器动作断开电路。

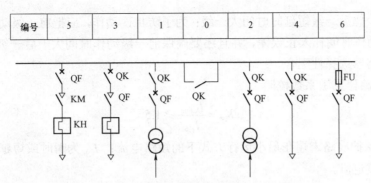

编号	5	3	1	0	2	4	6

图 6-29　低压断路器在低压配电系统中的配置图

2. 低压断路器的过电流脱扣器的分类和整定

1）低压断路器的过电流脱扣器的分类

（1）具有反时限特性的长延时电磁脱扣器，动作时间可以不小于 10 s。

（2）动作时限小于 0.1 s 的瞬时脱扣器。

（3）延时时限分别为 0.2 s、0.4 s、0.6 s 的短延时脱扣器。

2）低压断路器各种脱扣器的电流整定

（1）长延时过流脱扣器的整定。这种脱扣器主要用于线路过负荷保护，整定按下式进行

$$I_{op(1)} \geqslant 1.1 I_{30} \tag{6-26}$$

（2）瞬时过电流脱扣器的整定。瞬时过电流脱扣器的动作电流 $I_{op(0)}$ 应躲过线路的尖峰电流，即

$$I_{op(0)} \geqslant K_{rel} I_{PK} \tag{6-27}$$

式中，K_{rel} 为保护装置的可靠系数，对于动作时间大于 0.4 s 的 DW 系列断路器，取 $K_{rel} = 1.35$；对于动作时间小于 0.2 s 的 DZ 系列断路器，取 $K_{rel} = 1.7$；对于多台设备的干线，取 $K_{rel} = 1.3$。

（3）短延时过电流脱扣器动作电流的整定。瞬时过电流脱扣器的动作电流 $I_{op(S)}$ 也应躲过线路的尖峰电流 I_{PK}，即

$$I_{op(s)} \geqslant K_{rel} I_{PK} \tag{6-28}$$

式中，K_{rel} 为保护装置的可靠系数，取 1.2。

低压断路器脱扣器整定值与线路的允许载流量 I_{al} 的配合：

$$I_{op(1)} \leqslant I_{al} \text{ 或 } I_{op(0)} \leqslant 4.5 I_{al} \tag{6-29}$$

当不满足上式要求时，可改选脱扣器动作电流或增大配电线路导线截面。

（4）前、后级低压短路器的选择性配合。

为了保证前、后级断路器的选择性要求，在动作电流选择性配合时，前一级（靠近电源）动作电流大于后一级（靠近负载）动作电流的 1.2 倍，即

$$I_{OP.1} \geqslant 1.2 I_{OP.2} \tag{6-30}$$

在动作时间选择性配合时，如果后一级采用瞬时过电流脱扣器，则前一级要求采用短延时过电流脱扣器；如果前、后级都采用短延时过电流脱扣器，则前一级短延时过电流脱扣器

延时时间应至少比后一级短延时时间大一级；为了防止误动作，应把前一级动作时间计入负误差，后一级动作时间计入正误差，并且还要确保前一级动作时间大于后一级动作时间，这样才能保证短路器选择性配合。

3）低压断路器灵敏系数校验

$$K_S = \frac{I_{k.min}}{I_{OP}} \geq 1.5 \qquad (6-31)$$

式中，$I_{k.min}$ 为保护线路末端在最小运行方式下的短路电流；I_{OP} 为瞬时或短延时过电流脱扣器的动作电流整定值。

6.4.3　低压电网的漏电保护

在电力系统中，当导体对地的绝缘阻抗降低到一定程度时，流入大地的电流也将增大到一定程度，说明该系统发生了漏电故障，流入大地的电流叫作漏电电流。

在中性点直接接地系统中，如果一相导体直接与大地接触，即为单相接地短路故障，这时流入地中的电流为系统的单相短路电流。此时，过流保护装置将会动作，切断故障线路的电源，这种情况不属于漏电故障。但是，若在该系统中发生一相导体经一定数值的过渡阻抗（如触电时的人体电阻）接地，接地电流就很小，此时过流保护装置根本不会动作，而应使漏电保护装置动作，这种情况属于漏电故障的范围。

在中性点对地绝缘的供电系统中，若发生一相带电导体直接或经一定的过渡阻抗接地，流入地中的电流都很小，这种情况属于漏电故障。

在电网发生漏电故障时，必须采取有效的保护措施，否则，会导致人身触电事故，导致电雷管的提前引爆；接地点产生的漏电火花会引起爆炸气体的爆炸；漏电电流的长期存在，会使绝缘进一步损坏，严重时将烧毁电气设备，甚至引起火灾，还可能引发更严重的相间接地短路故障。

由此可见，漏电故障的危害极大，在供电系统中必须装设漏电保护装置，以确保安全。

按漏电保护器的保护功能和结构特征分，可分为分装式漏电保护器、组装式漏电保护器和漏电保护插座三类。其中组装式漏电保护器是将零序电流互感器、漏电脱扣器、电子放大器、主开关组合安装在一个外壳中。其使用方便、结构合理、功能齐全，所以是目前使用最多的一种。

按漏电保护器的动作原理分，可分为电压动作型、电流动作型、电压电流动作型、交流脉冲型和直流动作型等。由于电流动作型的检测特性较好，使用零序电流互感器作检测元件，安装在变压器中性点与接地极之间，可构成全网的漏电保护；安装在干线或支线上，可构成干线或支线的漏电保护。因此，是目前应用较为普通的一种。

任务检查

按表 6-5 对任务完成情况进行检查记录。

表 6-5 任务完成情况检查记录表

项目名称：　　　　　　　　　　工作组名称：

姓名	任务	存在问题	解决办法	任务完成情况	检查人签字	备注

任务完成时间：　　　　　　　　组长签字：

任务 6.5　供配电系统的微机保护

任务要求

35 kV 及以下电压等级的供配电系统，作为电力系统的一部分，向用户和用电设备供配电。随着城市的扩大、工农业的发展和人民生活水平的提高，这部分容量日趋增大、结构日趋复杂和完善，对其可靠性的要求也日趋提高。因此，此部分的保护越来越受到电力工作者的重视，特别是 20 世纪 90 年代以来得到长足的发展，微机保护开始在供配电系统中得到应用。

常规的模拟式继电器难以满足系统可靠性对保护的要求，随着科技的发展，微机保护装置已用于电力系统，它具有测量、保护、自动合闸、通信等功能，能对电力系统产生的故障做出最快、最直观的反应。通过学习熟悉微机保护装置的功能和作用，能进行线路分析。

任务分析

微机继电保护是基于微处理器和数字信号处理技术的继电保护。它是充分利用计算机的存储记忆、逻辑判断和数值运算等信息处理功能，克服模拟式继电保护的不足，可以获得更好的工作特性和更高的技术指标；熟悉微机保护装置的组成和功能以及软硬件的结构。

知识学习

6.5.1　配电系统微机保护的功能

配电系统微机保护装置除了保护功能外，还有测量、自动重合闸、事件记录、自检和通信等功能。

1. 保护功能

微机保护装置的保护有定时限过电流保护、反时限过电流保护、带时限电流速断保护、瞬时电流速断保护。反时限过电流保护还有标准反时限、强反时限和极强反时限保护等几类。以上各种保护方式可供用户自由选择，并进行数字设定。

2. 测量功能

配电系统正常运行时，微机保护装置不断测量三相电流，并在 LCD 液晶显示器显示。

3. 自动重合闸功能

当上述的保护功能动作，断路器跳闸后，该装置能自动发出合闸信号，即自动重合闸功能，以提高供电可靠性。自动重合闸功能为用户提供自动重合闸的重合次数、延时时间以及自动重合闸是否投入运行的选择和设定。

4. 人机对话功能

通过 LCD 液晶显示器和简洁的键盘提供良好的人机对话界面：
（1）保护功能和保护定值的选择和设定；
（2）正常运行时各相电流显示；
（3）自动重合闸功能以及参数的选择和设定；
（4）故障时，故障性质及参数的显示；
（5）自检通过或自检报警。

5. 自检功能

为了保证装置可靠工作，微机保护装置具有自检功能，对装置的有关硬件和软件进行开机自检和运行中的动态自检。

6. 事件记录功能

发生事件的所有数据如日期、时间、电流有效值、保护动作类型等都存储在存储器中，事件包括事故跳闸事件、自动重合闸事件、保护定值设定事件等，可保存多达 30 个事件，并不断更新。

7. 报警功能

报警功能包括自检报警、故障报警等。

8. 断路器控制功能

各种保护动作和自动重合闸的开关量输出，控制断路器的跳闸和合闸。

9. 通信功能

微机保护装置能与中央控制室的监控微机进行通信，接收命令和发送有关数据。

10. 实时时钟功能

能自动生成年月日和时分秒，最小分辨率毫秒，有对时功能。

6.5.2 微机保护装置的硬件结构

根据配电系统微机保护的功能要求，微机保护装置的硬件结构框图如图 6-30 所示，由数据采集系统、微型控制器、存储器、显示器、键盘、时钟、通信、控制和信号等部分组成。

数据采集系统主要对模拟量三相电流和开关量断路器辅助触点等采样。模拟量经信号调理、多路开关、A/D 转换器送入微控制器（Micro-Controller），开关量经光电隔离、I/O 口送入微控制器。A/D 转换器一般采用 10～12 位 A/D 变换器。

微型控制器国内习惯称单片机，通常采用 16 位微型控制器，如 80196 系列。

存储器包括 EPROM、RAM、EEPROM。EPROM 存放程序、表格、常数；RAM 存放采样数据、中间计算数据等；EEPROM 存放定值、事件数据等。

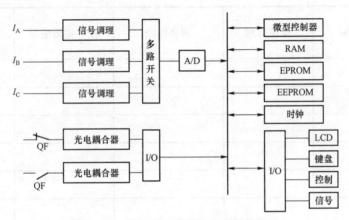

图 6-30 微机保护装置的硬件结构框图

时钟目前均采用硬件时钟，如 DS1302 时钟芯片。它能自动产生年月日和时分秒，并可对时。

显示器可采用点阵字符型和点阵图形型 LCD 显示器，目前常采用后者，用于设定显示、正常显示、事故显示等。

键盘已由早期的矩阵式键盘改用独立式键盘，通常设左移、右移、增加、减小、进入等键。

开关量输出主要包括控制信号、指示信号和报警信号。

6.5.3 微机保护装置的软件系统

微机保护装置的软件系统一般包括设定程序、运行程序和中断微机保护功能程序三部分。

设定程序主要用于功能选择和保护定值设定。运行程序对系统进行初始化、静态自检、打开中断、不断重复动态自检，若自检出错，转向有关程序处理。自检包括存储器自检、数据采集系统自检、显示器自检等。中断打开后，每当采样周期到，向微控制器申请中断，响应中断后，转入微机保护程序。微机保护程序主要由采样和数字滤波、保护算法、故障判断和故障处理等子程序组成。

保护算法是微机保护的核心，也是正在开发的领域，可以采用常规保护的动作原理，但更重要的是要充分发挥微机的优越性，寻求新的保护原理和算法，要求运算工作量小，计算精度高，以提高微机保护的灵敏性和可靠性。因此，不仅各种微机保护有不同的算法，而且同一种保护也可用不同的算法实现。

任务检查

按表 6-6 对任务完成情况进行检查记录。

表 6-6　任务完成情况检查记录表

项目名称：　　　　　　　　　　　　工作组名称：

姓名	任务	存在问题	解决办法	任务完成情况	检查人签字	备注

任务完成时间：　　　　　　　　　　组长签字：

任务 6.6　防雷保护技术的应用

任务描述

2001 年 5 月 8 日，广东省惠州市秋长镇某化工厂遭雷击引发爆炸，死 6 人，伤 14 人，厂房基本全毁，如图 6-31 所示。

随着我国电力系统的快速发展，电能这一清洁能源在日常生产生活中的应用越来越普遍，但是自然界中产生的雷电对供配电系统产生了很大的危害。因此，保护供配电系统在雷电发生时的设备安全问题，提高供电的可靠性，显得尤为重要。

请根据此事故分析雷电形成的原因，供配电系统为了防雷击，可以采取何种保护技术？

图 6-31 某化工厂遭雷击损毁现场

任务分析

为保护供配电系统电气设备的安全，采取有效的防雷措施是非常必要的，对防雷设备的不断改善也是防雷害的重要手段。不完善的防雷措施，将会在雷电环境下导致雷击事故，致使供配电系统发生事故，造成大面积的停电，给人民生产生活带来诸多不便。因此，只有认识雷电的来源和过电压形成的物理过程，才能有针对性地采用避雷针、避雷线及避雷器等不同的防护设备。

知识学习

雷电又称为大气过电压，是由于电力系统的设备或建（构）筑物遭受来自大气中的雷击或雷电感应而引起的过电压，如图 6-32 所示。因其能量来自系统外部，故又称为外部过电压。它不经常发生，但却是最具破坏力的浪涌电压。雷电产生的强电流、高电压、高温热具有很大的破坏力和多方面的破坏作用，给人类和电力系统造成严重危害。

6.6.1 雷电的形成与活动规律

雷鸣与闪电是大气层中强烈的放电现象。雷云在形成过程中，由于摩擦、冻结等原因积累大量的正电荷或负电荷，产生很高的电位。当带有异性电荷的雷云接近到一定程度时，就会击穿空气而发生强烈的放电。

图 6-32 雷击现场

雷电的活动规律：南方比北方多，山区比平原多，陆地比海洋多，热而潮湿的地方比冷而干燥的地方多，夏季比其他季节多。

一般来说，下列物体或地点容易受到雷击：

（1）空旷地区的孤立物体、高于 20 m 的建筑物，如水塔、宝塔、尖形屋顶、烟囱、旗杆、天线、输电线路杆塔等。在山顶行走的人畜，也易受到雷击。

（2）金属结构的屋面、砖木结构的建筑物或构筑物。

（3）特别潮湿的建筑物、露天放置的金属物。

（4）排放导电尘埃的厂房、排废气的管道、地下水出口、烟囱冒出的热气。

（5）金属矿床、河岸、山谷风口处、山坡与稻田接壤的地段，土壤电阻率小或电阻率变化大的地区。

6.6.2　雷电种类及危害

1. 直击雷

雷云较低时，在地面较高的凸出物上产生静电感应，感应电荷与雷云所带电荷相反而发生放电，电压高达几百万伏，如图 6-33 所示。

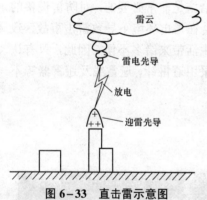

图 6-33　直击雷示意图

2. 感应雷

感应雷包括静电感应雷、电磁感应雷，产生的感应过电压值可达数十万伏。

3. 球形雷

雷电时形成一种发红光或白光的火球。

4. 雷电侵入波

雷击时在电力线路或金属管道上产生的高压冲击波。

雷击的破坏和危害，主要在四个方面：一是电磁性质的破坏；二是机械性质的破坏；三是热性质的破坏；四是跨步电压破坏。

6.6.3　常用防雷装置

基本思想是疏导，即设法构成通路将雷电流引入大地，从而避免雷击的破坏。

常用的避雷装置有避雷针（避雷线）、避雷器等。

1. 避雷针（避雷线）

避雷针是一种尖形金属导体，装设在高大、凸出、孤立的建筑物或室外电力设施的凸出部位，如图 6-34 所示。其功能是引雷，即利用其高出被保护物的突出地位，当雷电先导临近地面时，它使雷电场畸变，改变雷电先导的通道方向，将雷电引向自身，然后经与其相连的引下线和接地装置将雷电流安全地泄放到大地，从而使被保护的线路、设备、建筑物等免受雷击。安装避雷针是防止直击雷的有效措施。

2. 避雷器

避雷器用来防止线路的感应雷及沿线路侵入的过电压波对电气设备造成的损害，如图 6-35 所示。

图 6-34　避雷针

图 6-35　110 kV 线路自带避雷器

任务检查

按表 6-7 对任务完成情况进行检查记录。

表 6-7　任务完成情况检查记录表

项目名称：　　　　　　　　　　工作组名称：

姓名	任务	存在问题	解决办法	任务完成情况	检查人签字	备注

任务完成时间：　　　　　　　　组长签字：

项目评价

参照表 6-8 进行本项目的评价与总结。

表6-8 项目考核评价表

考评方式	项目实施过程考评（满分100分）		
	知识技能素质达标考评 （30分）	任务完成情况考评 （50分）	总体评估 （20分）
考评员	主讲教师	主讲教师	教师与组长
考评标准	根据学生实践表现,按学生考勤情况、项目拓展练习完成情况、课堂纪律表现等计分	根据学生的项目各任务完成效果,结合总结报告情况进行考评	根据项目实施过程中学生的积极性、参与度与团队协作沟通能力等综合评价
考评成绩			
教师评语			
备注			

拓展练习

1. 简述继电保护装置的作用和意义。

2. 供配电系统继电保护有哪些类型？电流保护的常用接线方式有哪几种？

3. 简述什么是变电所的主电路？变电所的主电路有哪些主要电气设备？

4. 电磁式电流继电器和感应式电流继电器的工作原理有何不同？如何调节其动作电流？

5. 电磁式时间继电器、信号继电器和中间继电器的作用是什么？

6. 试说明反时限过电流动作特性曲线。

7. 过电流保护装置的灵敏系数如何校验？

8. 反时限过电流动作时限如何整定？

9. 瞬时电流速断保护和时限电流速断保护各有何特点？

10. 电力线路的单相接地保护如何实现？绝缘监视装置怎样发现接地故障？如何排查接地故障线路？

11. 为什么电力变压器的电流保护一般不采用两相一继电器接线？

12. 电力变压器的电流保护与电力线路的电流保护有何区别？

13. 电力变压器差动保护的工作原理是什么？

14. 电力变压器的差动保护中不平衡电流产生的原因是什么？如何减小不平衡电流？

15. 如图6-36所示,10 kV线路WL1和WL2都采用GL-15/10型电流继电器构成两相两继电器式接线的过电流保护。已知TA1的变比为100/5,TA2的变比为75/5,WL1的过电流保护动作电流整定为9 A,10倍动作电流的动作时间为1 s,WL2的计算电流为36 A,WL2首端三相短路电流为900 A,末端三相短路电流320 A。试整定线路WL2的保护。

16. 试整定图6-37所示的35 kV线路WL1的瞬时电流速断保护、时限电流速断保护和定时限过电流保护构成的三段式电流保护。已知TA1的变比为400/5,线路的最大负荷电流为 350 A，保护采用两相两继电器接线；线路 WL2 定时限过电流保护动作时间为 0.7 s；最大运行方式时，K_2 点三相短路电流为 2.66 kA，K_3 点三相短路电流为 1 kA，最小运行方式时，K_1、K_2 和 K_3 点三相短路电流分别为 7.5 kA、2.34 kA 和 0.86 kA。

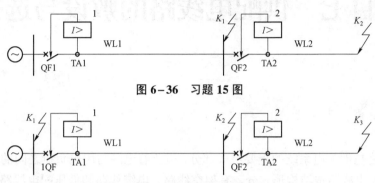

图 6－36　习题 15 图

图 6－37　习题 16 图

17. 某总降变电所有一台 35/10.5 kV、2 500 kV·A、Yd11 连接组变压器一台。已知变压器 10 kV 母线的最大三相短路电流为 1.4 kA，最小三相短路电流 1.3 kA，35 kV 母线的最小三相短路电流为 1.25 kA，保护采用两相两继电器式接线，电流互感器变比为 100/5，变电所 10 kV 出线过电流保护动作时间 1 s，试整定变压器的电流保护。

18. 供配电系统微机保护有什么功能？试说明其硬件结构和软件系统。

项目七　供配电线路的敷设与选择

项目背景

供配电线路是供配电系统的重要组成部分，担负着电源与用电负荷之间的电能输送与分配的任务。供配电线路按结构形式分，有架空线路、电缆线路和低压配电线路。它们的使用环境、安装与敷设有很大不同。

学习目标

一、知识目标

1. 了解导线和电缆的基本概念。
2. 掌握供配电线路的敷设方式。
3. 熟悉架空线路的基本结构。

二、能力目标

1. 能分析各种常用电缆的结构和型号含义。
2. 能根据电缆的特点及线路要求选择电缆的敷设方式。

三、情感目标

1. 培养积极思考、严谨细致的工作态度。
2. 养成精益求精、一丝不苟的工匠精神。
3. 具有集体观念和团队协助意识。

项目实施

任务 7.1　导线与电缆的选择

任务描述

某车间从低压配电房引入进线电源，采用铠装电力电缆引入，敷设方式用电缆沟直埋式敷设，请设计直埋电缆沟的结构（图 7-1），并描述电缆敷设的过程。

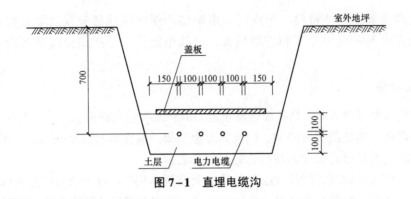

图 7-1　直埋电缆沟

任务分析

本任务的目的主要是熟悉常见的电线电缆种类与结构，掌握常见的电缆敷设方式与步骤等问题，掌握电线电缆的选择与维护所需要的基本理论和基本知识。通过网络、图书馆查询等方式，认识工厂供配电线路中常用电力电缆的基本知识。

知识学习

7.1.1　导线与电缆的定义

1. 电线的定义

电线学名导线，由良好导电性能的铜、铝及其合金材料制成。通常把只有裸金属导体的线材产品叫作裸导线，其截面有圆形、矩形、箔片或丝网编织等各种形状。

若导体上敷有绝缘层外加轻型保护（如棉纱编织层、玻璃丝编织层、塑料、橡皮等），结构单一、制造工艺简单、外径比较细小的线材产品，即为通常意义上所指的绝缘导线。其线芯有单股和多股绞制两种。

2. 电缆的定义

由一根或两根以上绝缘导线与其他材料一起绞合成缆，结构较为复杂，外径较大的线材产品叫作电缆。其中，绝缘导线又称为缆芯线，其他材料包括既有防止水分侵入的严密内护材料，又有为加大机械强度的外护材料及绝缘材料、屏蔽材料和填充物等。每根缆芯线线芯由单根或多股导电材料构成，缆芯线数量常见的有单芯、双芯、三芯和四芯等多种。缆芯线的截面有圆形、半圆形和扇形三种，如图 7-2 所示。

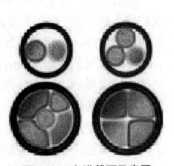

图 7-2　电缆截面示意图

7.1.2 导线与电缆的基本组成

电线电缆主要由导体材料、绝缘层、屏蔽层和保护层四部分以及填充物和承拉元件等组成。根据产品的使用要求和应用场合，电线电缆是由上述部分或全部内容组成的一个集成体。

1. 导体材料

导体材料又称导体线芯，是线缆传输电能、信息或实现电磁能量转换过程中必不可少的重要构件。多用导电性能优良的铜、铝及其合金制成，截面形状有单圆形、扁平形、矩形、变质形等。线缆的规格都以导体材料的截面积来表示。

导线与绝缘层是构成绝缘线缆必须具备的两个基本构件。对于结构极为简单，只有导体一个结构件的产品，如架空裸导线、接触网导线、铜铝汇流排（母线）等，它们的电气绝缘主要是借助安装敷设时用的支撑绝缘子和空间距离（即利用空气绝缘）来保证。

2. 屏蔽层

所谓屏蔽，是指对两个空间区域相互间进行金属的隔离，以控制电场、磁场和电磁波由一个区域对另一个区域的感应和辐射。具体讲，就是用屏蔽体将系统或系统内的干扰源包围起来，既防止其干扰电磁场向外扩散，又防止它们受到外界电磁场的影响。

为此，在可靠性要求高的场合，大多选用带有屏蔽层的电线电缆。由于它们在电路中的功用不同，其屏蔽作用也不尽相同。

电力线缆屏蔽层的作用主要是电场屏蔽。为使绝缘层和电缆导体有较好的接触，消除导体表面的不光滑引起的导体表面电场强度的增加，一般在导体表面和绝缘层之间设有金属化纸或半导体纸带的内屏蔽层；为使绝缘层和金属护套有较好的接触，在绝缘层外表面和护层之间设有导电材料的外层屏蔽层，以保证导线与绝缘之间的空隙中，或绝缘外表面与外包结构件的空隙中不会发生局部放电，其实质是一种改善线缆自身电场分布的措施。

而控制线缆和信息传输线缆的屏蔽层，主要是抗外界电磁场干扰。因为其自身信号很弱，非常怕外界的电磁场影响，采用屏蔽线缆一方面可以有效抑制空间电磁场对传输线的影响，避免通信失效、噪声增大、传输误码、信号误差等现象；另一方面也可以降低电缆内传输信号对外的电磁辐射，减小对周边电磁环境的污染，防止信息的泄露和失密。

除此之外，对于所有室外引入室内的各类线缆，以及用于连接由开关场引入控制室继电保护设备的电流、电压和直流跳闸等可能由开关场引入干扰电压到基于微电子器件的继电保护的二次回路，采用屏蔽线缆，还具有防止雷电波入侵危害的良好效果。

屏蔽线缆的屏蔽层只有在接地以后才能起到屏蔽作用。屏蔽层接地有两种方式，即两端接地和一端接地。一端接地时，屏蔽层电压为零，可显著减少静电感应电压；两端接地使电磁感应在屏蔽层上产生一个感应纵向电流，该电流产生一个与主干扰相反的二次场，抵消主干扰场的作用，显著降低磁场耦合感应电压，可将感应电压降到不接地时感应电压的 1%以下，具体做法应参照相关规范执行。

常用的屏蔽层材料有金属化纸或半导体纸带、铝管、铝箔、塑料复合带、钢带、钢丝、铜带或编织铜丝带等。如加入炭黑等材料则具有光屏蔽效果，可防止线缆加速老化。

3. 保护层

线缆保护层分为内保护层和外保护层，是对绝缘层起保护作用的构件。其作用是防止电缆在运输、储存、施工和供电运行中受到空气、水气、酸碱腐蚀和机械外力的作用，使其绝缘性能降低，使用年限缩短。内保护层多用麻筋、铅包、涂沥青麻被或聚氯乙烯等制作。外保护层多用钢铠、麻被或铅铠、聚氯乙烯外套等制作。有的低压电缆直接用橡胶作外保护层。

许多专用于良好外部环境（如清洁、干燥、无机械外力作用的室内）的线缆产品，或者绝缘层材料本身具有一定的机械强度、耐气候性的产品，也可以没有保护层这一构件。

4. 填充物和承拉元件

很多线缆产品是多芯的，如低压电力电缆多数是四芯、五芯电缆（适用于三相系统），控制电缆和信息传输电缆的缆芯数更多，有的多达 800 对、1 200 对甚至是 3 600 对。将这些绝缘线芯或线对成缆（或分组多次成缆）后，一是外形不圆整，二是绝缘线芯间留有很大空隙。因此，必须在成缆时加入填充物和承拉元件，目的是使成缆外径相对圆整以便于包带、挤护套以及使电缆结构稳定、内部结实，在使用中（制造和敷设中拉伸、压缩和弯曲时）受力均匀而不损坏线缆的内部结构。

5. 封闭母线（母线槽）

由金属板（钢板或铝板）作为保护外壳、导电排、绝缘材料及有关附件组成的母线系统，广泛用于发电机出线、变压器出线、高压开关柜母线联络、建筑物的垂直干线系统，如图 7-3 所示。

图 7-3　母线槽

7.1.3　导线与电缆的性能

电线电缆产品应用于不同的场合。从整体来看，其主要性能可综合为以下几个方面。

1. 电性能

（1）导电性能：大多数产品要求良好的导电性能，个别产品要求有一定的电阻范围。

（2）电绝缘性能：绝缘电阻、介电系数、介质损耗、耐电特性等。

（3）传输特性：指高频传输特性、抗干扰特性等。

2. 力学性能

指抗拉强度、伸长率、弯曲性、弹性、柔软性、耐振动性、耐磨耗性以及耐机械力冲击等。

3. 热性能

指产品的耐温等级、工作温度、电力传输用电线的发热和散热特性、载流量、短路和过载能力、合成材料的热变形性和耐热冲击能力、材料的热膨胀以及浸渍或涂层材料的滴落性能等。

4. 耐腐蚀和耐气候性能

指耐电化腐蚀，耐生物和细菌侵蚀，耐化学药品（油、酸、碱、化学溶剂等）侵蚀，耐盐雾，耐光，耐寒，防霉以及防潮性能等。

5. 抗老化性能

指在机械应力、电应力、热应力以及其他各种外加因素的作用下，或外界气候条件作用下，产品及其组成材料保持其原有性能的能力。

6. 其他性能

包括部分材料的特性（如金属材料的硬度、蠕变，高分子材料的相容性）以及产品的某些特殊使用特性（如不延燃性、耐原子辐射、防虫咬、延时传输以及能量阻尼等）。

产品的性能要求，主要是从各个具体产品的用途、使用条件以及配套装备的配合关系等方面提出的。在一个产品的各项性能指标中，必然存在有些指标是主要的，起决定作用，需严格要求的；有些指标则是从属的，而在某些特定条件下，一些指标项之间又形成互相制约。因此，选用时必须全面分析、综合考虑。

7.1.4　导线与电缆型号的含义及分类

导线与电缆的命名通常是用"类别的名称＋型号规格"来代替线缆的完整名称，如图7-4所示。可以说，只要能写出电线电缆的标准型号规格，就能明确到一个具体的产品，一般来说国产线缆型号的组成与顺序如下：

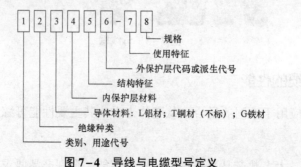

图7-4　导线与电缆型号定义

注：绝缘线缆中铜是主要使用的导体材料，故铜材代号 T 可省略；裸电线及裸导体制品中不得省略。裸电线及裸导体制品类、电力电缆类、电磁线类产品不标明大类代号，电气装备用电线电缆类和通信电缆类也不列明，但列明小类或系列代号等。因其为一通用格式，缺项可不计或省略。

线缆产品量大面广，分类方法很多，常用的主要方法如下：

按金属材料分，有银线、铜线、铝线、铁线等。

按导线形状分，有线形、矩形、管形等，其中线形导线又有单芯、多股、铜箔、编织等。

按导线绝缘性能分，有裸导线、塑料绝缘线、橡皮绝缘线、护套绝缘线、交联电缆等。

按用途分，有裸导线、绝缘导线、耐热导线、屏蔽线缆、电力线缆、预制分支线缆、控制线缆、话缆、同轴缆、光缆、数据电缆、组合通信缆、医用线缆、特种线缆等。

按敷设方式分，有明敷设（支架、钢索）线缆，暗敷设（直埋、穿管）线缆等。

按耐火等级分，有耐火线缆、阻燃线缆、低烟无卤线缆、低烟低卤线缆。

电缆的敷设方式有直接埋地、电缆沟、电缆桥架和电缆隧道、建筑竖井内敷设等。

7.1.5　导线与电缆的选择

导线选择包括导线型号，导线截面（相线截面、中心线截面、保护线截面）及辐射方式的选择等。

1. 导线及电缆型号选择

导线型号反映导线的导体材料和绝缘方式。建筑电气中的各种电气工程所涉及的导线类型主要有铜/铝母线、裸/绝缘线、电缆三大类。其中，铜/铝母线作为汇流排多用于高低压配电柜（箱、盘、屏）中，而钢母线多作为系统工作接地或避雷接地的汇流排；裸导线主要用于适于采用空气绝缘的用电环境或场合，此外还应同时满足建筑防火规范要求；若为一般用电系统，只需满足非火灾条件下的使用，其导线型号则可按一般要求选择普通线缆；而对于有防火要求或消防用电设备的供电线路，除必须满足消防设备在火灾时的连续供电时间，保证线路的完整性及系统正常运行外，还须考虑线缆的火灾危险性，避免因短路、过载而成为火源，在外火的作用下应不助长火灾蔓延，且能有效降低有机绝缘层分解的有害气体，避免二次灾害的产生。因此，导线型号可根据实际情况，在具有不同防火特性的阻燃线缆、耐火线缆、无卤低烟线缆或矿物电缆中进行选择。

2. 导线及电缆截面的选择

导线截面选择是导线选择的主要内容，直接影响着技术经济效果。根据导线所在系统的电压等级不同，其选择的方式方法均有所不同。在高压系统中，导线选择主要是指相线截面选择；而在低压系统中，则是根据采用的供电制的不同，指相线、中性线、保护线和保护中性线的截面选择。

7.1.6　导线与电缆选择的基本原则

（1）导线及电缆型号的选择，应满足用途、电压等级、使用环境和敷设方式的要求。

选用导线及电缆时，首先要考虑用途、电压等级、现场环境及敷设条件等。例如，根据用途的不同，可选用裸导线、绝缘线缆、控制线缆等；根据电压等级的不同，有高压线缆和低压线缆的不同选择；根据使用环境及敷设条件选用导线及电缆型号。

（2）导线及电缆材质的选择，应满足经济、安全要求。

在满足线路敷设要求的前提下，尽量选用铝芯导线。就经济性而言，室外线路应尽量选用铝导线；架空线可选用裸铝线；高压架空线路挡距较长、杆位高差较大时可采用钢芯铝绞线。只有线路所经过的路径不宜架设架空线或导线经过路段交叉多，环境恶劣或具有火灾、爆炸等危险的场合，可考虑采用电缆外，其他场合宜采用普通绝缘导线。

考虑线路运行的安全性，下列场合的室内线路，宜采用铜芯导线：具有纪念性和历史性的建筑；重要的公共建筑和居住建筑；重要的资料档案室和库房；人员密集的娱乐场所；移动或敷设在剧烈振动的场所；潮湿、粉尘和有严重腐蚀性场所；有其他特殊要求的场合；一般建筑的暗敷设线路用导线；重要的操作回路，配电箱（盘、柜）及电流互感器二次回路等。

（3）导线及电缆产品的选择，应满足科学、合理的要求。

导线及电缆产品选择，应注意选用经工程验证合格、有国家安检认证的新材料、新品种线缆，不应选用淘汰或限制使用产品。

（4）适当考虑社会进步和技术发展需要。

由于社会进步、人民生活水平的不断提高，用电需求量逐年攀升，民用建筑尤其是居住建筑中，铜芯线缆的用量也在逐步增长。因此，在民用建筑电气中，对于干线和进户线的导线材质及其截面的选用，应留有适当余地。

总之，导线选择应全面综合考虑安全、可靠、经济合理等诸多因素，根据实际需要进行选配。

（5）民用建筑中电缆选择。

在室内正常条件下敷设，可选用聚氯乙烯、绝缘绝氯乙烯护套（VV 型）的电缆；工作环境平均温度高于 35 ℃或较大负荷的线路，可选用交联聚乙烯绝缘电缆（YJV 型）；对消防要求高的建筑，如一类防火建筑、重要的公共场所以及人员集中的地下层的非消防线路宜采用阻燃低烟无卤电缆（ZR–YJV 型）。消防用电设备、电梯用电、应急照明或特殊用电等线路可选用耐火类电缆（NH–YJV 型）。

7.1.7　导线截面选择条件

为了保证供电系统安全可靠、优质、经济地运行，导线和电缆的截面的选择必须满足下列条件：

（1）经济电流密度。

高压线路及特大电流的低压线路，一般应按规定的经济电流密度选择电缆的截面，以使线路的年运行费用（包括电能损耗费）接近于最小，节约电能和有色金属。

（2）长时允许电流（允许载流量）。

导线和电缆在通过计算电流时产生的发热高温，不应超过其正常运行时的最高允许温度。

（3）正常运行允许电压损失。

导线和电缆在通过计算电流时产生的电压损耗，不应超过正常运行时允许的电压损耗值。

（4）机械强度条件。

导线截面应不小于最小允许截面。由于电缆的机械强度很好，因此电缆不校验机械强度，但需要校验短路热稳定度。

7.1.8 导线截面选择校验

1. 高压架空线路导线截面的选择

应先按经济电流密度初选，然后按其他条件进行校验，全部条件都校验合格者为所选。

1）按经济电流密度选择导线截面

选择原则从两方面考虑：

截面越大，电能损耗就越小，但线路投资、有色金属消耗量及维修管理费用就越高；截面选择小，线路投资、有色金属消耗量及维修管理费虽然低，但电能损耗大。

从全面的经济效益考虑，使线路的年运行费用接近最小的导线截面，称为经济截面，用符号 S_{ec} 表示。

对应于经济截面的电流密度称为经济电流密度，用符号 J_{ec} 表示。

按经济电流密度计算经济截面的公式为

$$S_{ec} = \frac{I_{ca}}{J_{ec}} \quad (\text{mm}^2)$$

式中，I_{ca} 为线路计算电流。

2）按长时允许电流选择导线截面

三相系统相线截面的选择：

导线和电缆的正常发热温度不得超过额定负荷时的最高允许温度。选择截面时须使通过相线的计算电流 I_c 不超过其允许载流量 I_{al}，即

$$I_c < I_{al}$$

一般决定导线允许载流量时，周围环境温度均取 $+25\ ℃$ 作为标准，当周围空气温度不是 $+25\ ℃$，而是 θ'_0，导线的长时允许电流应按下式进行修正：

$$I'_{al} = I_{al} \sqrt{\frac{\theta_m - \theta'_0}{\theta_m - \theta_0}} = I_{al} K$$

3）按允许电压损失选择导线截面

电流通过导线时，线路两端电压不等，

$$\Delta \dot{U} = \dot{U}_1 - \dot{U}_2$$

$$\Delta U\% = \frac{U_1 - U_2}{U_N} \times 100\%$$

为了保证供电质量，对各类电网规定了最大允许电压损失，在选择导线截面时，要求实际电压损失 $\Delta U\%$ 不超过允许电压损失 $\Delta U_{ac}\%$，即

$$\Delta U\% \leqslant \Delta U_{ac}\%$$

2. 低压架空线路导线截面选择

对于 1 kV 以下的低压架空线，与高压架空线相比，线路比较短，但负荷电流较大。所以一般不按经济电流密度选择。低压动力线按长时允许电流初选，按允许电压损失及机械强度校验；低压照明线，因其对电压水平要求较高，所以，一般先按允许电压损失条件初选截面，然后按长时允许电流和机械强度校验。

（1）按长时允许电流选择导线截面。

要求导线的长时允许电流不小于线路的最大长时负荷电流（计算电流），即

$$I_{al} \geqslant I_{ac}$$

（2）按允许电压损失选择导线截面。

因低压线路负荷电流大，相应的电压损失也大，故必须按允许电压损失来校验所选择导线截面。电压损失的计算公式与高压线路相同。

（3）按机械强度选择导线截面。

7.1.9 电缆芯线截面选择校验

1. 高压电缆芯线截面选择校验

电缆与架空线相比，散热条件差，故还应考虑在短路条件下的热稳定问题。因此高压电缆截面除了按经济电流密度、允许电压损失、长时允许电流选择外，还应按短路的热稳定条件进行校验。

1）按经济电流密度选择电缆截面

根据高压电缆线路所带负荷的最大负荷年利用小时及电缆芯线材质，查出经济电流密度 J_{ec}，然后计算最大长时负荷电流 I_{ca}（如为双回路并联运行的线路，应按最大长时负荷电流的一般计算），电缆的经济截面 S_{ec} 为

$$S_{ec} = \frac{I_{ca}}{J_{ec}} \quad (mm^2)$$

2）按长时允许电流校验所选电缆截面

按经济电流密度选择的标准截面，查出其长时允许电流 I_{al}，应不小于其最大长时负荷电流（此时回路供电应按一回路的情况考虑），即

$$KI_{al} \geqslant I_{ca}$$
$$K = K_1 K_2 K_3$$

3）按电压损失校验电缆截面

$$\Delta U = \frac{PL}{S_c U_N \gamma}$$

式中，L 为线路长度，m；S_c 为导线截面，mm^2；γ 为导线电导率。

4）按短路电流校验电缆的热稳定性

$$S_{min} = I_\infty \frac{\sqrt{t_1}}{C} \quad (m)$$

式中，I_∞ 为最大三相稳态短路电流；$\sqrt{t_1}$ 为短路电流作用的假想时间；C 为热稳定系数。

2. 低压电缆截面选择

低压电缆截面选择与高压电缆选择不同，主要考虑电缆正常运行时的发热与电压损失，并考虑故障时短时承受大电流所引起的温升，故不再按经济电流密度选择，而是按长时允许符合电流初选截面，再用正常运行允许电压损失和满足短路热稳定的要求进行校验，所选电缆必须满足下述所有条件：

（1）按长时允许符合电流选择；

（2）按正常运行允许电压损失选择；

（3）按短路热稳定要求选择。

任务检查

按表 7-1 对任务完成情况进行检查记录。

表 7-1　任务完成情况检查记录表

项目名称：　　　　　　　　　　工作组名称：

姓名	任务	存在问题	解决办法	任务完成情况	检查人签字	备注

任务完成时间：　　　　　　　　组长签字：

任务 7.2　电缆母线导线的截面选择与校验

任务要求

某母线出现过热、变形、绝缘子损坏、电压不平衡等故障，请分析其原因并处理，如图 7-5 所示。

图 7-5   母线槽

任务分析

该任务主要目的是帮助理解母线的材料、结构等基本理论和基本知识点，掌握母线敷设方式及截面的选择，以及在填埋过程中的注意事项。

知识学习

母线也称母排或载流排，是承载电流的一种导体，主要用于汇集、分配和传送电能，连接一次设备。

7.2.1   母线材料与截面形式的选择

常用的母线材料材质有铝、铜、铁三种。室内以硬母线为主，截面有矩形、槽形、管形。矩形母线散热条件好，易于安装与连接，但集肤效应系数大，主要用于电流不超过 4 000 A 的线路中；槽形母线通常是双槽形一起用，载流量大，集肤效应小，用于电压等级不超过 35 kV，电流在 4 000～8 000 A 的回路中；管形母线的集肤效应最小，机械强度最大，还可以采用管内通水或通风的冷却措施，用于电流超过 8 000 A 的线路中；室外母线多采用钢芯铝绞线或单芯圆铜线。

7.2.2   母线布置方式的选择

母线布置方式的选择主要是指室内硬母线的方式。主要有三相水平布置，母线竖放；三相水平布置，母线平放；三相垂直布置，母线平放等形式，选择时可根据现场实际情况确定，如图 7-6 所示。

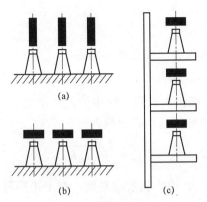

图 7-6　母线布置方式

（a）三相水平布置母线竖放；（b）三相水平布置母线平放；（c）三相垂直布置母线平放

7.2.3　母线截面选择方法

1. 按最大长期工作电流选择

按最大长期工作电流选择，需保证母线正常工作时的温度不超过允许温度，即要求母线允许载流量大于等于线路最大计算工作电流。

$$I_{al} \geqslant I_{\Sigma C}$$

式中，I_{al} 为母线允许的载流量；$I_{\Sigma C}$ 为线路最大计算工作电流。

此方法主要适用于发电厂的主母线、引下线、配电装置汇流母线、较短导体以及持续电流较小、年利用小时数较低的其他回路的导线。

母线实际允许载流量与导线材料、结构和截面积大小有关，与周围环境温度及母线的布置方式有关，周围环境温度越高，导线允许电流越小。实际周围环境温度与规定的环境温度不同时，需要对母线的允许载流量进行修正，引入温度校正系数 k：

$$k = \sqrt{t_1 - t_0 / t_1 - t_2}$$

式中，t_1 为导线额定负荷时的最高允许温度；t_0 为敷设处的环境温度；t_2 为已知载流量标准中所对应的环境温度。

那么，非规定环境温度时，导线实际允许载流量 $I'_{\Sigma C}$ 应为

$$I'_{\Sigma C} = k \times I_{\Sigma C}$$

式中，$I'_{\Sigma C}$ 为导线的允许电流；$I_{\Sigma C}$ 为线路最大计算工作电流；k 为允许电流的温度校正系数。

2. 按经济电流密度选择

此方法用于年利用小时数高且导体长度 20 m 以上，负荷电流大的回路。计算时，先根据式（4-2）或式（4-3）求得 $I_{\Sigma C}$；再根据表 4.19 查得经济电流密度后，求得导线截面并标准化，最后对标准化后的导线截面除按最大长期工作电流校验外，还应进行母线的热、动稳定校验。

3. 母线校验

（1）按最大长期工作电流校验，按要求应满足

$$I_{al} \geqslant I_{\Sigma C} \text{ 或 } I_{al} \geqslant I'_{\Sigma C} \text{（有环境温度要求时）}$$

（2）母线的热稳定校验：按最大长期工作电流及经济电流密度选出母线截面后，还应按热稳定校验。按热稳定要求的导体最小截面积为

$$S_{min} = \frac{I_\infty}{C}\sqrt{t_{dz}K_s}$$

式中，I_∞ 为短路电流稳态值；K_s 为集肤效应系数，对于矩形母线截面积在 100 mm² 以下，$K_s = 1$；t_{dz} 为热稳定计算时间；C 为热稳定系数。

只要满足热稳定要求 $S > S_{min}$ 即可。

（3）母线的动稳定校验：各种形状的母线通常都安装在支承绝缘子上，当冲击电流通过母线时，电动力将使母线产生弯曲应力，因此必须校验母线的动稳定性。

安装在同一平面内的三相母线，其中间相受力最大，即

$$F_{max} = 1.732 \times 10^{-7} K_f \times I_{sk}^2 \times l/a$$

式中，I_{sk}^2 为短路冲击电流；K_f 为母线形状系数，当母线相间距离远大于母线截面周长时，$K_f = 1$；l 为母线跨距；a 为母线相间距。

母线通常每隔一定距离由绝缘瓷瓶自由支承着。因此当母线受电动力作用时，可以将母线看成一个多跨距载荷均匀分布的梁，当跨距段在两段以上时，其最大弯曲力矩为

$$M = F_{max} \times 1/10$$

若只有两端跨距时，则

$$M = F_{max} \times 1/8$$

式中，F_{max} 为一个跨距长度母线所受的电动力，母线材料在弯曲时的最大相间计算应力为

$$\sigma_{\Sigma C} = M/W$$

式中，W 为母线对垂直于作用力方向轴的截面系数，其值与母线截面形状及布置方式有关，如图 7-7 所示。

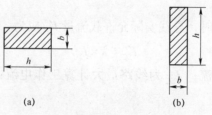

图 7-7 母线截面形状及布置方式
（a）水平放置；（b）垂直放置

水平放置时，$W = b^2h/6$；垂直放置时，$W = bh^2/6$。

要想保证母线不致弯曲变形而遭到破坏，必须使母线的计算应力不超过母线的允许应力，即母线的动稳定性校验条件为

$$\sigma_{\Sigma C} = \sigma_{al}$$

式中，σ_{al} 表示母线材料的允许应力，硬铝母线 $\sigma_{al}=69\ \text{MPa}$；硬铜母线 $\sigma_{al}=137\ \text{MPa}$。

如果在校验时，$\sigma_{\Sigma C} \geqslant \sigma_{al}$，则必须采取措施减小母线的计算应力，具体措施有：将母线由竖放改为平放；增大母线截面积，但会使投资增加；限制短路电流值能使 $\sigma_{\Sigma C}$ 大大减小，但须增设电抗器；增大相间距离 a；减小母线跨距 l 的尺寸等。

工程中，当矩形母线水平放置时，为避免导体因自重而过分弯曲，并考虑到绝缘子支座及引下线安装方便，常选取绝缘子跨距等于配电装置间隔的宽度。

下列部位的母线不需进行母线热效应和电动力效应校验：

① 采用熔断器保护，连接于熔断器下侧的母线（限流熔断器除外）。

② 电压互感器回路内的母线。

③ 变压器容量在 1 250 kV·A 及以下，电压 12 kV 及以下，不至于因故障而损坏母线的部位，主要用于非重要用电场所的母线。

④ 不承受热效应和电动力效应的部位，如避雷器的连接线等。

任务检查

按表 7-2 对任务完成情况进行检查记录。

表 7-2 任务完成情况检查记录表

项目名称：　　　　　　　　　　工作组名称：

姓名	任务	存在问题	解决办法	任务完成情况	检查人签字	备注

任务完成时间：　　　　　　　　组长签字：

任务 7.3　供配电线路接线方式的选择

任务要求

图 7-8 所示为某机械加工车间（局部）动力电气平面布线图，分析其原理及供电线路的敷设方式。

167

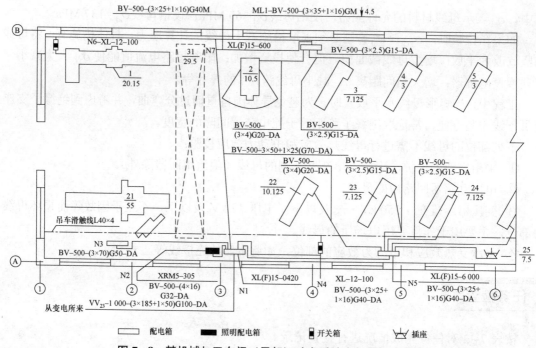

图 7-8　某机械加工车间（局部）动力系统电气平面布线图

任务分析

该任务为帮助掌握供配电线路的几种接线方式，理解不同接线方式之间有何不同，各种接线方式的优缺点及基本知识。

知识学习

7.3.1　高压供配电线路的接线方式

1. 高压放射式接线

高压放射式接线是指从变配电所高压母线上引出一回路线路直接向一个车间变电所或高压用电设备供电，沿线不接其他负荷。

这种接线方式的优点是接线清晰，操作维护方便，各供电线路互不影响，供电可靠性较高，便于装设自动装置，保护装置也比较简单；但高压开关设备用得较多，投资大，而且当某一线路发生故障或需要检修时，该线路供电的全部负荷都要停电。因此，单回路放射式接线只能用于二、三级负荷或容量较大以及较重要的专用设备，如图 7-9（a）所示。

对二级负荷供电时，为提高供电的可靠性，可根据具体情况增加公共备用线路。图 7-9（b）所示为采用公共备用干线的放射式接线，该接线方式的供电可靠性得到了提高，但开关设备的数量和导线材料的消耗量也有所增加。如果备用干线采用独立电源供电且分支较少，则可用于一级负荷。

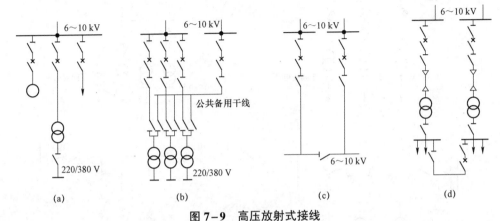

图 7-9　高压放射式接线

（a）单回路放射式接线；（b）采用公共备用干线的放射式接线；（c）双回路放射式接线；
（d）采用低压联络线作备用干线的放射式接线

图 7-9（c）所示为双回路放射式接线，该接线方式采用两路电源进线，然后经分段母线用双回路对用户进行交叉供电。其供电可靠性高，可供电给一、二级重要负荷，但投资相对较大。

图 7-9（d）所示为采用低压联络线作备用干线的放射式接线，该接线方式比较经济、灵活，除了可提高供电可靠性以外，还可实现变压器的经济运行。

2. 高压树干式接线

树干式接线是指由变配电所高压母线上引出的每路高压配电干线上沿线均连接了数个负荷点的解析方式。

图 7-10（a）所示为单回路树干式接线，该接线方式较之单回路放射式接线，变配电所的出线数量大大减少，高压开关柜的数量也相应减少，同时可节约有色金属的消耗量。但因多个用户采用一条公用干线供电，各用户之间相互影响，故当某条干线发生故障或需要检修时，将引起干线上的全部用户停电，所以这种接线方式供电可靠性差，且不容易实现自动化控制。单回路树干式接线一般用于对三级负荷配电，而且干线上连接的变压器不得超过 5 台，总容量不应大于 2 300 kV·A。这种接线方式在城镇街道应用较多。

为提高可靠性，可采用如图 7-10（b）所示的单侧供电的双回路树干式接线方式。该接线方式可供电给二、三级负荷，但投资也相应地会有所增加。

图 7-10（c）所示为两端供电的单回路树干式接线。若一侧干线发生故障，则可采用另一侧干线供电，因此供电可靠性也较高，与单侧供电的双回路树干式接线相当。当正常运行时，由一侧供电或在线路的负荷分界处断开，当发生故障时要手动切换，但寻查故障时也需中断供电。所以，两端供电的单回路树干式接线只可用于对二、三级负荷供电。

图 7-10（d）所示为两端供电的双回路树干式接线。这种接线方式比单侧供电的双回路树干式接线的供电可靠性有所提高，主要用于对二级负荷供电；当供电电源足够可靠时，亦可用于一级负荷。这种接线方式的投资不比单侧供电的双回路树干式接线增加很多，关键是要有双电源供电的条件。

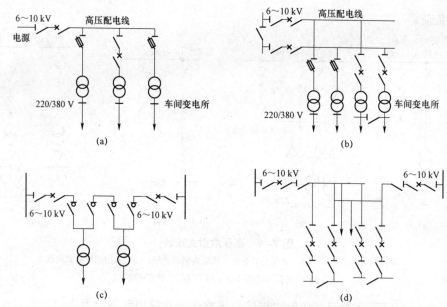

(a)　　　　　　　　　　　　　　　(b)

(c)　　　　　　　　　　　　　　　(d)

图 7-10　高压树干式接线

（a）单回路树干式接线；（b）单侧供电的双回路树干式接线；（c）两端供电的单回路树干式接线；

（d）两端供电的双回路树干式接线

3. 高压环形接线

高压环形接线实际上是两端供电的树干式接线，如图 7-11 所示，两路树干式接线连接

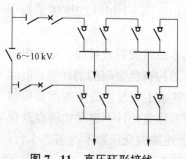

起来就构成了环形接线。这种接线运行灵活，供电可靠性高。线路检修时可切换电源，故障时可切除故障线段，从而缩短了停电时间。高压环形接线可供电给二、三级负荷，且在现代化城市电网中应用较广泛。

由于闭环运行时继电保护整定较复杂，且环形线路上发生故障时会影响整个电网，因此，为了限制系统短路容量，简化机电保护，大多数环形线路采用开环运行方式，即环形线路中有一处开关是断开的。通常采用以负荷开关为主开关的高压环网柜作为配电设备。

图 7-11　高压环形接线

高压配电系统的接线往往是几种接线方式的组合，究竟采用什么接线方式，应根据具体情况对供电可靠性的要求，通过技术、经济综合比较后才能确定。一般来说，高压配电系统宜优先考虑采用放射式；对于供电可靠性要求不高的辅助生产区和生活住宅区，可考虑采用树干式或环形配电。

7.3.2　低压供配电线路的接线方式

1. 低压放射式接线

图 7-12 所示为低压放射式接线。这种接线方式由变压器低压母线上引出若干条回路，由变配电所低压配电屏再分别供电给各配电箱或低压用电设备。放射式接线的特点是供电线

路独立，引出线发生故障时互不影响，供电可靠性较高，但有色金属消耗量较多。放射式接线多用于设备容量大或对供电可靠性要求较高的场合，例如大型消防泵、电热器、生活水泵和中央空调的冷冻机组等。

2. 低压树干式接线

这种接线方式从变配电所低压母线上引出干线，沿干线再引出若干条支线，然后再引至各用电设备。树干式接线的特点正好与放射式接线相反。树干式采用的开关设备较少，有色金属消耗量也较少，但当干线发生故障时，影响范围大，因此供电可靠性较低。

图 7-13（a）所示为母线放射式接线，这种接线方式多采用成套的封闭式母线槽，运行灵活方便，也比较安全，适用于用电容量较小且分布均匀的场所，如机械加工车间、工具车间和机修车间的中小型机床设备以及照明配电等。

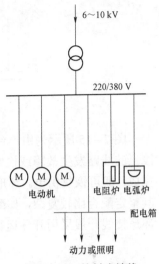

图 7-12 放射式接线

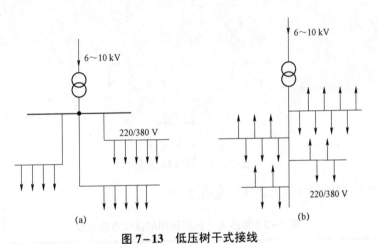

图 7-13 低压树干式接线

（a）母线放射式；（b）变压器–干线组

图 7-13（b）所示为"变压器–干线组"式接线，该接线方式省去了变电所低压侧的整套低压配电装置，简化了变电所的结构，大大减少了投资。为了提高母线的供电可靠性，该接线方式一般接出的分支回路数不宜超过 10 条，而且不适用于需频繁启动、容量较大的冲击性负荷和对电压质量要求高的设备。

图 7-14 所示为一种变形的树干式接线，通常称为链式接线。链式接线的特点与树干式接线基本相同，适用于用电设备彼此相距很近且容量均较小的次要用电设备，链式相连的设备一般不超过 5 台，链式相连的配电箱不宜超过 3 台，且总容量不宜超过 10 kW。

3. 低压环形接线

工厂内的一些车间变电所低压侧也可以通过低压联络线相互连接成为环形。

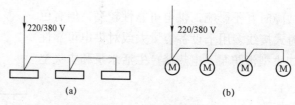

图7-14 链式接线

图7-15所示为由一台变压器供电的低压环形接线。环形接线的供电可靠性较高，任一段上的线路发生故障或检修时，都不致造成供电中断或只是短时停电，一旦切换电源的操作完成，即可恢复供电。环形接线可使电能损耗和电压损耗减少，但是环形系统的保护装置及其整定配合比较复杂，如配合不当容易发生误动作，反而会扩大故障停电范围。因此，低压环形接线一般采用开环运行方式。

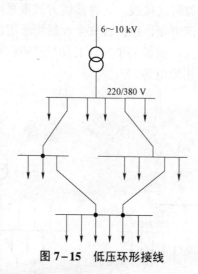

图7-15 低压环形接线

低压电力线路常用的接线方式比较见表7-3。

表7-3 低压电力线路常用的接线方式比较

名称	放射式	树干式	链式
特点	每个负荷由单独线路供电	多个负荷由一条干线供电	后面设备的电源引自前面设备的端子
优点	线路故障时影响范围小，因此可靠性较高；控制灵活，易于实现集中控制	线路少，因此有色金属消耗量少，投资省；易于适应发展	线路上无分支点，适合穿管敷设或电缆线路；节省有色金属消耗量
缺点	线路多，有色金属消耗量大；不易适应发展	干线故障时影响范围大，因此供电可靠性较低	线路检修或故障时，相连设备全部停电，因此供电可靠性较低
适用范围	供大容量设备，或供要求集中控制的设备，或供要求可靠性高的重要设备	适于明敷线路，也适于供可靠性要求不高的和较小容量的设备	适于暗敷线路，也适于供可靠性要求不高的小容量设备；链式相连的设备不宜多于5台，总容量不宜超过10 kW，最大一台的容量不宜超过7 kW

低压配电系统中，往往采用几种接线方式的组合，应根据具体情况而定。一般地，在正常环境的车间或建筑内，当大部分用电设备不是很大而又无特殊要求时，宜采用树干式配电。之所以采用这种接线方式，一方面是因为树干式配电较之放射式经济，另一方面是因为我国大多数供配电工作人员对采用树干式配电已积累了相当成熟的运行经验。实践证明，树干式配电在一般正常情况下能够满足生产要求。

总之，用户的供配电线路接线应力求简单。如果接线过于复杂，层次过多，不仅浪费投资，维护不便，而且由于电路中连接的元件过多，因操作错误或元件故障而发生事故的几率就会随之增多，处理事故和恢复供电的操作也比较麻烦，从而延长了停电时间。同时，由于配电级数多，继电保护的级数也相应增多，动作时间也相应延长，对供电系统的故障保护十分不利，因此，GB 50052—1995《供配电系统设计规范》规定："供电系统应简单可靠，同一电压供电系统的配电级数不宜多于两级。"

任务检查

按表 7-4 对任务完成情况进行检查记录。

表 7-4 任务完成情况检查记录表

项目名称：　　　　　　　　　　工作组名称：

姓名	任务	存在问题	解决办法	任务完成情况	检查人签字	备注

任务完成时间：　　　　　　　　　　组长签字：

任务 7.4　架空线路的选择

任务要求

图 7-16 所示为横担安装图。

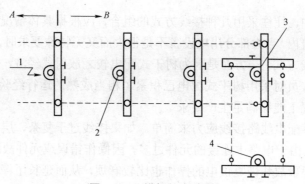

图 7-16 横担的安装图

A—供电侧；B—受电侧；1—电源；2—直线杆；3—转角杆；4—终端杆

任务分析

本任务的主要目的是理解架空线路的基本概念，掌握架空线路各个部件的组成结构，在实际使用过程中各部分的注意事项，在理解基本结构的基础上掌握架空线路的基本敷设方式。

知识学习

7.4.1 架空线路概述

架空线路是指室外架设在电杆上用于输送电能的线路，是利用电杆架空敷设裸导线的户外线路。其优点是投资少、易于架设，维护检修方便，易于发现和排除故障；但它占用地面位置，有碍交通和观瞻，且易受环境影响，安全可靠性较差。导线材质必须具有良好的导电性能、耐腐蚀性和机械强度。

架空输电线路的主要部件有导线和避雷线（架空地线）、杆塔、绝缘子、金具、杆塔基础、拉线和接地装置等，如图 7-17 所示。

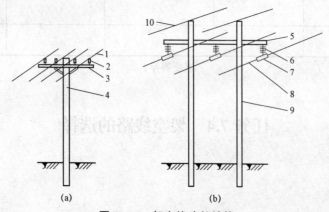

图 7-17 架空线路的结构

（a）低压架空线路；（b）高压架空线路

1—导线；2—针式绝缘子；3，5—横担；4—低压电杆；6—绝缘子串；7—线夹；8—高压电线；9—高压电杆；10—避雷线导线在杆塔上的排列方式：对单回线路可采用"上"字形、三角形或水平排列，对双回路线路可采用伞形、倒伞形、"干"字形或六角形排列，如图7-18所示。

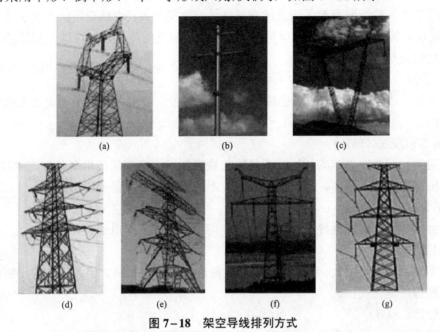

(a)   (b)   (c)

(d)   (e)   (f)   (g)

图7-18　架空导线排列方式

（a）三角形；（b）"上"字形；（c）水平形；（d）伞形；（e）倒伞形；（f）"干"字形；（g）六角形

导线在运行中经常受各种自然条件的考验，必须具有导电性能好、机械强度高、质量轻、价格低、耐腐蚀性强等特性。由于我国铝的资源比铜丰富，加之铝和铜的价格差别较大，故几乎都采用钢芯铝线。

避雷线一般不与杆塔绝缘而是直接架设在杆塔顶部，并通过杆塔或接地引下线与接地装置连接。避雷线的作用是减少雷击导线的机会，提高耐雷水平，减少雷击跳闸次数，保证线路安全送电。

7.4.2　架空线路的基本结构

架空线路由导线、电杆、横担、拉线、绝缘子和线路金具等组成。有的架空线路为了加强电杆的稳定性，在电杆上还装有拉线或板桩；也有的架空线路上装设有避雷线用来防止雷击。

1. 导线

导线是线路的主体，具有输送电能的功能。由于架空导线要经常承受自身质量和各种外力的作用，且需承受大气中有害物质的侵蚀，因此必须具有良好的导电性，同时要具有一定的机械强度和耐腐蚀性，而且要尽可能地做到质轻价廉。

架空导线架设在空中，架空线路主要由电杆、导线、横担、瓷瓶、拉线、金具等组成，要承受自重、风压、冰雪荷载等机械力的作用和空气中有害气体的侵蚀，同时还受温度变化的影响，运行条件比较恶劣。因此，它们的材料应有较高的机械强度和抗腐蚀能力，而且导线要有良好的导电性能。导线按结构分为单股线与多股绞线；按材质分为铝（L）、钢（G）、铜（T）、铝合金（HL）等类型。由于多股绞线优于单股线，故架空导线多采用多股绞线。

架空线路在一般情况下都采用上述裸导线，但敷设在大、中城市市区主次干道、繁华街区、新建高层建筑群区及新建住宅区的中、低压架空配电线路以及有腐蚀性物质环境中的架空线路，宜采用绝缘导线。

1）铝绞线

导电率高、质轻价廉，但机械强度较小、耐腐性差，故多用于挡距不大的 10 kV 及以下的架空线路。

2）钢芯铝绞线（LGJ）

将多股铝绞线绕在钢芯的外层，铝导线起载流作用，机械载荷由钢芯与铝线共同承担，使导线的机械强度大为提高，因而在 10 kV 以上的架空线路中得到广泛应用。

3）铝合金绞线（LHJ）

机械强度大、防腐蚀性好、导电性亦好，可用于一般输配电线路。

4）铜绞线（TJ）

导电率高、机械强度大、耐腐蚀性能好，是理想的导电材料。但为了节约用铜，目前只限于严重腐蚀的地区使用。

5）钢绞线（GJ）

机械强度高，但导电率差、易生锈、集肤效应严重，故只适用于电流较小、年利用小时低的线路及避雷线。

2. 杆塔

电杆是支持导线的主体和支撑导线的支柱，它是架空线路的重要组成部分。对电杆的要求主要是要有足够的机械强度，同时尽可能地经久耐用、价廉，便于搬运和安装。电杆有水泥杆、钢杆和铁塔架等。铁塔架主要用于 220 kV 以上超高压、大跨度的线路；钢杆多用在城镇电网中。目前广泛应用的是水泥杆。一条架空线路要由许多电杆来支撑，这些电杆根据其在线路上所处的位置和所起的作用不同，可分为直线杆、终端杆、耐张杆、转角杆、分支杆和跨越杆等。

杆塔用来支持绝缘子和导线，使导线相互之间、导线对杆塔和大地之间保持一定距离（挡距），以保证供电与人身安全。对应于不同的电压等级，有一个技术经济上比较合理的挡距，如 0.4 kV 及以下为 30～50 m，6～10 kV 为 40～100 m，35 kV 水泥杆为 100～150 m，110～220 kV 铁塔为 150～400 m 等。

杆塔根据所用材料的不同可分为木杆、钢筋混凝土杆和铁塔等三种，如图 7-19 所示。

杆塔按用途可分为直线杆，耐张杆，转角杆，终端杆，特种杆（如分支杆、跨越杆、换位杆）等。

3. 横担

横担安装在电杆的上部，用来安装绝缘子以架设导线。常用的横担有铁横担和瓷横担。瓷横担具有良好的绝缘性能，兼有绝缘子和横担的双重功能，能节约大量的木材和钢材，降低线路造价，加快施工进度。但是瓷横担比较脆，在安装和使用中必须注意。

图7-19　电杆

（a）木杆；（b）钢筋混凝土杆

横担的主要作用是固定绝缘子，并使各导线相互之间保持一定的距离，防止风吹或其他作用力产生摆动而造成相间短路。目前使用的主要是铁横担、木横担、瓷横担等。

横担的长度取决于线路电压的高低、挡距的大小、安装方式和使用地点，主要是保证在最困难条件下（如最大弧垂时受风吹动）导线之间的绝缘要求。

4. 绝缘子

线路的绝缘子用来将导线固定在电杆上，并使导线与横担、杆塔之间保持足够的绝缘，同时承受导线的质量与其他作用力，所以绝缘子要保证足够的电气绝缘强度与机械强度。

绝缘子的作用是使导线之间、导线与大地之间彼此绝缘，故绝缘子应具有良好的绝缘性能和机械强度，并能承受各种气象条件的变化而不破裂。线路绝缘子主要有针式绝缘子、悬式绝缘子，如图7-20所示。

图7-20　绝缘子

5. 金具

金具用于连接、固定导线或固定绝缘子、横担等的金属部件，如图7-21所示。常用的金具有悬垂线夹、耐张线夹、接续金具、连接金具、保护金具等。

177

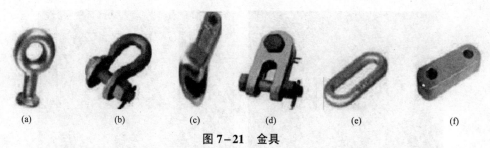

图 7-21 金具

（a）球头挂环；（b）U 形挂环；（c）碗头挂板；（d）直角挂板；（e）延长环；（f）二联板

7.4.3 架空线路的敷设

沿着规定路线装设架空线路的过程称为架空线路的敷设。敷设时，应根据线路经过地区周边环境、地形地貌条件和总体规划要求，合理选择。架空线路适用于无配电网或无条件采用电缆线路供电的配电线路。选用导线时，在架空线与建筑物的距离不能满足要求，或高层建筑及建筑群密集，或人口稠密、繁华的城镇街道，或绿化地区及林带，或污染严重，多飞飘金属灰尘、多污染、盐雾，或雷电、台风较多等区域宜选用绝缘导线，除上述之外的其他区域宜选用裸导线。

架空线路的敷设原则具体如下：

（1）敷设架空线路必须遵循有关技术规程的规定，以保证施工质量和线路安全运行。

（2）合理选择路径，做到路径短、转角小、交通运输方便，与建筑物保持一定的安全距离。

（3）三相四线制的导线在电杆上一般采用水平排列，中性线架设在靠近电杆的位置；三相三线制的导线可采用三角形排列，也可采用水平排列；多回路导线同杆架设时，可采用三角形、水平混合排列，也可全部垂直排列。

（4）不同电压等级线路的挡距（也称跨距，即同一线路上相邻两电杆之间的距离）不同。一般 380 V 线路的挡距为 50～60 m，6～10 kV 线路的挡距为 80～120 m。

（5）同杆导线的线距与线路电压等级以及挡距等因素有关。380 V 线路的线距为 0.3～0.5 m，10 kV 线路的线距为 0.6～1 m。

（6）弧垂（架空导线一个挡距内最低点与悬挂点间的垂直距离）要根据挡距、导线型号与截面积、导线所受拉力及气温度等决定。垂弧过大易碰线，过小则易造成短线或倒杆。

任务检查

按表 7-5 对任务完成情况进行检查记录。

表7-5 任务完成情况检查记录表

项目名称：　　　　　　　　　　工作组名称：

姓名	任务	存在问题	解决办法	任务完成情况	检查人签字	备注

任务完成时间：　　　　　　　　　　组长签字：

项目评价

参照表7-6进行本项目的评价与总结。

表7-6 项目考核评价表

考评方式	项目实施过程考评（满分100分）		
	知识技能素质达标考评（30分）	任务完成情况考评（50分）	总体评估（20分）
考评员	主讲教师	主讲教师	教师与组长
考评标准	根据学生实践表现，按学生考勤情况、项目拓展练习完成情况、课堂纪律表现等计分	根据学生的项目各任务完成效果，结合总结报告情况进行考评	根据项目实施过程中学生的积极性、参与度与团队协作沟通能力等综合评价
考评成绩			
教师评语			
备注			

拓展练习

1. 电线电缆的基本组成有哪些？导线与电缆截面选择的基本原则有哪些？

2. 什么是电缆母线？电缆母线截面选择方式有哪些？

3. 常见的高压供配电线路接线方式有哪些？低压供配电线路接线方式又有哪些？

4. 什么是架空线路？架空线路的基本结构由哪些组成？

5. 架空线路的敷设方式有哪些？

项目八　现代供电新技术介绍

项目背景

　　电网是一个不可分割的整体，对整个电网的一、二次设备信息进行综合利用，对保证电网安全稳定运行具有重大的意义。跨入 21 世纪，人类面临着实现经济和社会可持续发展（Sustainable Development）的重大挑战。作为我国国民经济支柱产业的电力工业得到快速发展，出现了许多供配电新技术，本项目整理了几种常见的供配电新技术。

学习目标

一、知识目标

1. 了解变电站综合自动化的基本功能结构。
2. 了解智能开关的功能结构及其应用。
3. 熟悉电力定制技术及快速断电技术。

二、能力目标

1. 对现代供配电新技术概念有基本认识。
2. 理解现代供配电新技术出现的原因。

三、情感目标

1. 培养学生注重团队协作的职业精神。
2. 养成善于发散思维、善于创新的职业习惯。
3. 具有主动学习，消化、应用现代技术成果的职业意识。

项目实施

任务 8.1　变电站综合自动化

任务描述

图 8-1 所示为某公司供配电综合自动化系统。要求分析该供配电系统基本结构，总结出供配电系统的基本组成，能够叙述综合自动化系统的工作原理。

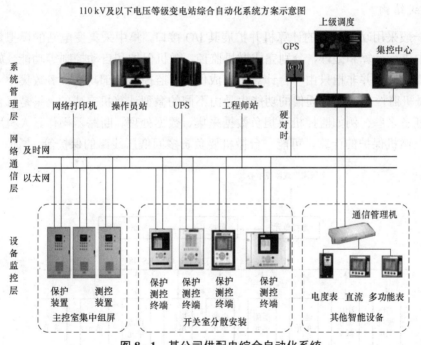

图 8-1　某公司供配电综合自动化系统

任务分析

本任务的主要目的是熟悉现代供配电综合自动化系统的一些基本概念，掌握现代变电站综合自动化系统的基本结构及其组成。通过网络、图书馆查询等方式，认识工厂供配电综合自动化系统的基本组成，明白综合自动化系统为什么能够得到广泛的应用。

8.1.1 变电站综合自动化系统概念

将变电站二次设备（包括测量仪表、信号系统、继电保护、自动装置和远动装置）经过功能的组合和优化设计，利用先进的计算机技术、通信技术，实现对全变电站主要设备和供配电线路的自动监视、测量、自动控制和微机保护，以及与调度通信等综合性的自动化功能。

从组成看，由多台微型计算机和大规模集成电路组成的自动化系统。从功能看，由继电保护、测量、控制、信号和远动等多个独立子系统，经过组合和优化设计为一套智能化的综合系统。

8.1.2 变电站综合自动化的结构模式

变电站综合自动化系统的结构模式主要有集中式、分布式和层式。

1. 集中式结构

集中式一般采用功能较强的计算机并扩展其 I/O 接口，集中采集变电站的模拟量和数字量信息，集中进行计算和处理，分别完成微机监控、微机保护和自动控制等功能，如图 8-2 所示。集中式结构也并非指只由一台计算机完成保护、监控等全部功能。多数集中式结构的微机保护、微机监控与调度等通信的功能也是由不同的微型计算机完成的，只是每台微型计算机承担的任务多些。例如监控机要担负数据采集、数据处理、断路器操作、人机联系等多项任务。担负微机保护的计算，可能一台微机要负责多回低压线路的保护等。

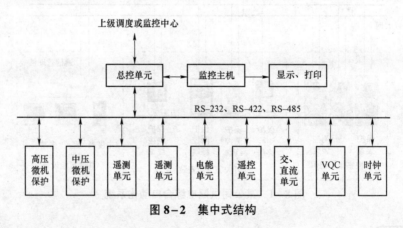

图 8-2 集中式结构

2. 分布式结构

该系统结构的最大特点是将变电站自动化系统的功能分散给多台计算机来完成，如图 8-3 所示。分布式模式一般按功能设计，采用主从 CPU 系统工作方式，多 CPU 系统提高了处理并行多发事件的能力，解决了 CPU 运算处理的瓶颈问题。各功能模块（通常是多个CPU）之间采用网络技术或串行方式实现数据通信，选用具有优先级的网络系统较好地解决了数据传输的瓶颈问题，提高了系统的实时性。分布式结构方便系统扩展和维护，局部故障不影响其他模块正常运行。该模式在安装上可以形成集中组屏或分层组屏两种系统组态结构，较多地应用于中、低压变电站。

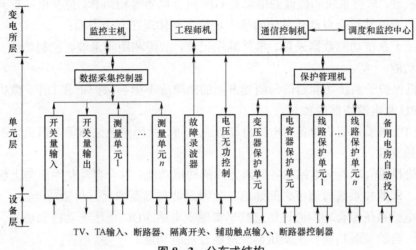

图8-3　分布式结构

3．层式结构

该系统从逻辑上将变电站自动化系统划分为两层，即变电站层和间隔层，也可分为三层，即变电站层、通信层和间隔层，如图 8-4 所示。该系统的主要特点是按照变电站的元件、断路器间隔进行设计。将变电站一个断路器间隔所需要的全部数据采集、保护和控制等功能集中由一个或几个智能化的测控单元完成。测控单元可直接放在断路器柜上或安装在断路器间隔附近，相互之间用光缆或特殊通信电缆连接。这种系统代表了现代变电站自动化技术发展的趋势，大幅减少了连接电缆，减少了电缆传送信息的电磁干扰，且具有很高的可靠性，比较好地实现了部分故障不相互影响，方便维护和扩展，大量现场工作可一次性地在设备制造厂家完成。

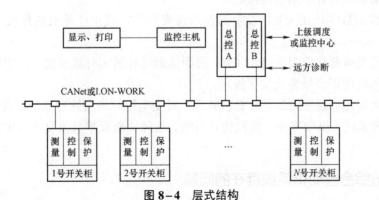

图8-4　层式结构

8.1.3　变电站综合自动化的基本功能

变电站综合自动化系统是一种包含多种专业技术的综合性技术，它以微机为基础来实现对变电站传统的继电保护、控制方式、测量手段、通信和管理模式的全面技术改造，实现对电网运行管理的变革。变电站从一次设备、二次设备、继电保护、自动装置、载波通信等与现代的计算机硬、软件系统和微波通信以及 GIS 组合电器等相结合，使变电站走向综合自动化和小型化。变电站综合自动化系统的基本功能主要体现在六个方面：

（1）监控子系统功能数据采集、事件顺序记录、故障测距和录波、控制功能、安全监视和人机联系功能。

（2）微机保护子系统功能通信与测控方面的故障应不影响保护正常工作。微机保护还要求保护的 CPU 及电源均保持独立。

（3）自动控制子系统功能备用电源自动投入装置、故障录波装置等与微机保护子系统应具备各自的独立性。

（4）远动和通信功能变电站与各间隔之间的通信功能；综合自动化系统与上级调度之间的通信功能，即监控系统与调度之间通信、故障录波与测距的远方传输功能。

（5）变电站系统综合功能通过信息共享实现变电站 VQC 电压无功控制功能、小电流接地选线功能、自动减载功能、主变压器经济运行控制功能。

（6）系统在线自诊断功能系统应具有自诊断到各设备的插件级和通信网络的功能。

8.1.4　变电站综合自动化的特点

从变电站综合自动化系统基本功能的介绍可以看出，变电站综合自动化系统具有功能综合化、结构微机化、测量显示数字化、操作监视屏幕化、运行管理智能化等特点。

（1）功能综合化。

① 微机监控系统综合了原来的仪表、控制屏、模拟屏、变送屏、运动装置、中央信号系统功能。

② 微机保护子系统综合了全部自动装置、故障录波、故障测距及小电流选线功能。

（2）结构微机化变电站综合自动化系统由各个不同的子系统组成，通过网络将微机监控、微机保护、自动装置等各子系统连接起来。

（3）测量显示数字化用 CRT 显示器表示仪表数字，或由计算机软件代替原来的常规仪表。

（4）操作监视屏幕化监视系统由 CRT 画面显示运行的实时数据的一次主接线图表示，设备异常或事故时用语音报警及文字提示。

（5）智能化运行管理采用的是计算机软件，对变电运行班组管理系统、继电保护、自动装置、定值管理系统、倒闸操作、模拟仿真系统、故障诊断及事故恢复的专家系统等实现了智能化的管理。

8.1.5　变电站综合自动化系统存在的问题

（1）目前，对变电站综合自动化系统还没有统一的规范性要求，例如，自动化系统的模式、设计管理标准等问题，尤其是系统各部分接口的通信规约，不同厂家的产品规格不一，这就给运行及维护带来极大不便。

（2）监控机后台的电源配备。在综合自动化变电站中，监控后台一旦失去电源，整个变电站就失去监控、失去控制，所以必须为监控机配置不间断电源。但在一些变电站中，后台监控机使用的是站用变的交流电源，当系统停电时，后台监控机失去电源，不能工作，存在极大的安全隐患。

（3）变电站综合自动化的抗干扰技术。经常有变电站出现后台监控机误发信号的情况，使得监控值班人员将大量的精力用在判断监控机所发信号的真伪上，影响监控人员正常的判断。因此，变电站综合自动化系统的抗干扰措施是保证综合自动化系统可靠和稳定运行的基础，合格的自动化产品除满足一般检验项目外，还应通过抗干扰试验。

（4）后台监控机运行管理。监控机无法正常运行将严重影响变电站的安全运行，因此后台监控机的运行管理工作十分重要，要严防人为导致的系统瘫痪事件。比如，可以制定变电站后台监控机的运行和管理制度并严格执行，对值班人员进行约束，禁止使用后台监控机做任何与工作无关的事情，也不能随意进入操作系统和启动、停运监控软件。

（5）后台监控系统的事故和预告音响信号。在一些变电站，所有的事故和预告音响信号都从监控后台发出，当后台监控机不能工作时，如果发生开关跳闸或设备异常，信号则不能发出，值班人员无法及时知道，将会构成严重的安全隐患。因此，如果将事故和预告音响信号独立出来，发生异常情况时，及时发出音响信号，通知监控人员迅速处理。

8.1.6　变电站综合自动化系统的发展趋势

（1）保护监控一体化这种方式在 35 kV 及以下的电压等级中已普遍采用，今后在 110 kV 及以上的线路间隔和主变三侧中采用此方式也已是大势所趋，它的好处是功能按一次单元集中化，利于稳定地进行信息采集以及对设备状态进行控制，极大地提高了性能效率比。其目前的缺点也是显而易见的：此种装置的运行可靠性要求极高，否则任何形式的检修维护都将迫使一次设备的停役。可靠性、稳定性要求高，这也是目前 110 kV 及以上电压等级还采用保护和监控分离设置的原因之一。随着技术的发展，冗余性、在线维护性设计的出现，将使保护监控一体化成为必然。

（2）人机操作界面接口统一化、运行操作无线化，无人无建筑小室的变电站，变电运行人员如果在就地查看设备和控制操作，将通过一个手持式可视无线终端，边监视一次设备边进行操作控制，所有相关的量化数据将显示在可视无线终端上。

（3）就地通信网络协议标准化强大的通信接口能力，主要通信部件双备份冗余设计（双CPU、双电源等），采用光纤总线等，使现代化的综合自动化变电站的各种智能设备通过网络组成一个统一的、互相协调工作的整体。

（4）数据采集和一次设备一体化。除了常规的电流电压、有功无功、开关状态等信息采集外，对一些设备的在线状态检测量化值，如主变的油位、开关的气体压力等，都将紧密结合一次设备的传感器，直接采集到监控系统的实时数据库中。高技术的智能化开关、光电式电流电压互感器的应用，必将给数据采集控制系统带来全新的模式。

任务检查

按表 8-1 对任务完成情况进行检查记录。

表 8–1　任务完成情况检查记录表

项目名称：　　　　　　　　　　　工作组名称：

姓名	任务	存在问题	解决办法	任务完成情况	检查人签字	备注

任务完成时间：　　　　　　　　　　组长签字：

任务 8.2　智能用电管理系统

任务要求

图 8–5 所示为某学校智能用电管理系统，请分析该系统的基本组成。

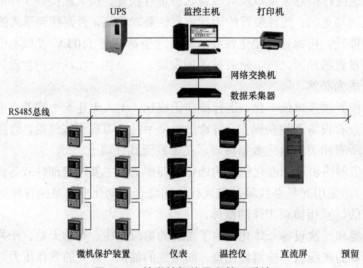

图 8–5　某学校智能用电管理系统

任务分析

本任务的目的是掌握现代供电新技术、智能用电管理系统的基本概念，对智能用电管理系统的基本组成、特点及功能有大致的了解。

知识学习

8.2.1 智能用电管理系统概念

智能用电管理系统主要是针对电力管理的系统，集中抄表、预付费管理等智能化管理系统。该系统是通过智能用电管理终端设备实现了基于网络的远程集抄、远动控制及 OSD 用电信息发布。

目前国内的远程抄表系统主要有 RS485 总线式抄表，电力线载波抄表，RS485 总线、低功率无线混合抄表和 RS485 总线、低压电力线载波混合抄表等几种方案，存在通信距离较短、抄表读数误差大等缺点，而且对于一些不可控电表不能实现远停远送操作。

因此研制一种采集与集中一体的设备，将采集到的电表读数通过广电的同轴电缆传输数据的设备，能够对电表的数据进行实时的读取并可存储，以备主站人员调用；对普通 RS485 不可控电表实现远程停送电的操作。

在用电管理方面，采用自动抄表技术，不仅能节约人力资源，更重要的是可提高抄表的准确性，减少因估计或誊写而造成账单出错，使供用电管理部门能及时准确获得数据信息。电力用户因此不再需要与抄表者预约上门抄表时间，还能迅速查询账单。

智能用电管理系统的推广应用工作正在进一步的推进。智能用电实现了隐患的显性管理、预测预警。电气化时代人人时时处处都需要用电，用电安全事关千家万户、事关你我。在用电存在客观危险性的同时，电气安全隐患的不可触摸性、非可视性、无规律性等特点，导致企业隐患排查治理和政府部门日常监管效率低下、准确性差。

8.2.2 智能用电管理系统优势特点

（1）基于物联网平台技术、移动互联网、大数据应用、云计算服务，通过物联网传感终端（现场监控模块、传输模块），将供电侧、用电侧电气安全数据实时传送至云平台。

（2）平台能够实现对引发电气火灾的数据，如三相电流、漏电流、线缆温度、箱体温度、负荷电流（超负荷报警）、电能等实现 24 小时不间断的监控。

（3）通过云平台对数据的存储、分析及判断，进一步发出调配指令，实现用电安全专业化与统一管理，及时发现电气隐患，预防火灾发生。

（4）多种方式提醒用户用电系统的安全状态，如声光报警（本地）、移动 App、短信报警（相关负责人）、电话通知等。

（5）通过云平台对数据的积累及深度挖掘，从"描述出报警"到"确诊出原因"，建立起有效的预警机制，将电气隐患扼杀于未发生；提供故障原因分析报告，供管理层决策、优化管理流程及制定维修计划。

（6）实现从供电测到用电侧全生命周期的管理，全面保障用电安全。

（7）采用无线传输技术，无须布线安装，施工简单、适合所有建筑。

（8）采用 CRT 地图功能进行显示设备所在区域、位置以及设备状态，平台具有对数据的动态评分机制，能够显示电流、导线温度、剩余电流三项数据的动态数据，决策者和管理人员能够通过动态评分清楚了解用电回路的电气火灾隐患。

任务检查

按表 8-2 对任务完成情况进行检查记录。

表 8-2 任务完成情况检查记录表

项目名称：　　　　　　　　　　工作组名称：

姓名	任务	存在问题	解决办法	任务完成情况	检查人签字	备注

任务完成时间：　　　　　　　　组长签字：

任务 8.3　认识智能开关

任务要求

图 8-6 所示为某室内智能开关控制系统布线图，熟悉并简述其开关控制原理。

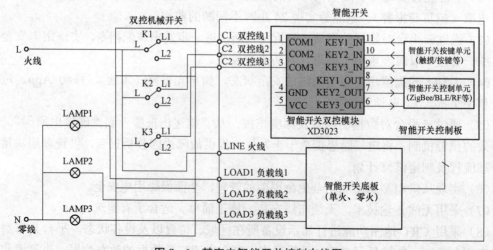

图 8-6　某室内智能开关控制布线图

任务分析

本任务的目的是帮助理解智能开关控制系统中的基本原理，通过对线路的理解，掌握智能开关的基本概念、理论及知识点，能熟悉智能开关与传统开关的区别和特点。

知识学习

8.3.1　智能开关概念

智能开关是指利用控制板和电子元器件的组合及编程，以实现电路智能开关控制的单元。开关控制又称 BANG-BANG 控制，由于这种控制方式简单且易于实现，因此在许多家用电器和照明灯具的控制中被采用。但常规的开关控制难以满足进一步提高控制精度和节能的要求。

8.3.2　智能控制单元作用

取代原有开关设备二次系统的测量、保护和控制功能，还能记录设备各种运行状态的历史数据、各种数据的现场（当地）显示，并通过数字通信网络向系统控制中心传送各类现场参数，接受系统控制中心的远程操作与管理。

8.3.3　智能开关分类

目前，家庭智能照明开关的种类繁多，而且其品牌还在源源不断的增加，其中市场所使用的智能开关不外乎几种技术：电力载波、无线、有线。

（1）电力载波开关，是采用电力线来传输信号的，开关需要设置编码器，会受电力线杂波干扰，使工作十分不稳定，经常导致开关失控，价格很高，附加设备较多（如阻波器、滤波器等）。安装设备多了，出现问题的概率比较高，带来的售后就非常麻烦，需要专业人士来安装。

（2）无线开关，是采用射频方式来传输信号的，开关经常受无线电波干扰，使其频率稳定而容易失去控制，操作十分烦琐，价格也很高。附加设备也多（接收模块、调制解调器、集中控制器）。售后也非常麻烦，需要专业人士来安装。

（3）总线开关，也称之为第三代开关，是采用信号线来传输信号，稳定性和抗干扰能力比较强，最早的总线是把所有的电线都集中一个位置，再从这个位置分信号线到每个开关的位置（例如宾馆的床头开关一样），这样布线安装比较麻烦，需要专业人士来安装。总线制的优点：稳定性和抗干扰能力强，信号走专门的信号线来传输，达到开关与开关之间相互通信。采用普通开关的布线方式安装，普通电工就能安装。

8.3.4　智能开关基本结构

智能开关原理结构如图 8-7 所示。

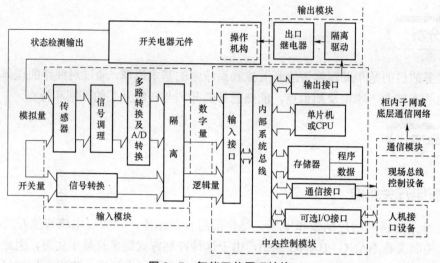

图 8-7　智能开关原理结构

智能监控单元组成包括输入模块、中央控制模块、输出模块、检测模块及通信模块等。

输入模块：模拟量和开关量。

中央控制模块：微机系统、计算或逻辑判断。

通信模块：完成与上位机之间的信息传递。

8.3.5　智能开关的基本特点

1. 现场参量处理数字化

智能开关采用微机处理和控制技术，使开关设备运行现场的各种被测参量全部采用数字处理，提高了测量和保护精度，减小产品保护特性的分散性，通过软件改变处理算法，使之不必改动硬件就可以实现不同的保护功能。

2. 电气设备的多功能化

采用微处理器或单片微机对智能开关运行现场的各种参量进行采样与处理，可以集成用户需要的各种功能，如作为数字化仪表，保护类型、保护特性和保护阈值、故障录波、保存历史数据、编制并打印报表等。

3. 智能开关的网络化

监控单元当作计算机网络中的通信节点，采用数字通信技术组成电器智能化通信网络，完成信息的传输，实现网络化的管理、设备资源的共享。

4. 真正实现分布式管理与控制

使现场设备具有完善的、独立的处理事故和完成不同操作的能力，可组建完全不同于集中控制或集散控制系统的分布式控制系统。

5. 真正的全开放式系统

可把不同生产厂商、不同类型但局部相同通信协议的智能电器互连，实现资源共享，且不同厂商产品可以互换，达到系统的最优组合。

完成情况检查

按表8-3对任务完成情况进行检查记录。

表8-3 任务完成情况检查记录表

项目名称：　　　　　　　　　　　工作组名称：

姓名	任务	存在问题	解决办法	任务完成情况	检查人签字	备注

任务完成时间：　　　　　　　　　组长签字：

任务 8.4　电力定制技术和快速断电技术

任务要求

图8-8所示为燃气表快速断电电路，试简述该快速断电电路的设计思路与基本原理。

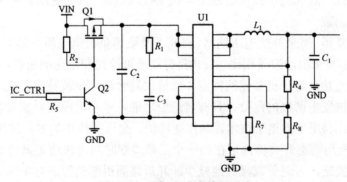

图8-8 燃气表快速断电电路

任务分析

本任务的目的是理解快速断电技术基本概念，熟悉现代供配电新技术，包括定制电力和快速断电技术。

知识学习

8.4.1　定制电力概念

定制电力（曾称定质电力、用户电力、用户特定电力）的概念是将电力电子装置用于 1～35 kV 的配电系统，为向电能质量敏感的用户提供达到用户特需的可靠性水平和电能质量水平的电力。这些定制电力设备采用先进的电力电子器件和计算机的测控技术。定制电力技术的发展与许多电气设备对电能质量的敏感性密切相关，诸如某些数控生产线、变频调速设备、数据处理中心、集成电路生产车间、医院等。用户需要解决的电能质量问题，包括电压跌落、电压中断、电压闪变、谐波造成的电压波形畸变及电压调节问题。对配电系统电能质量问题的研究分析表明，电压跌落、瞬时断电占所有电能质量事件的 50% 以上。前述对电能质量敏感的设备，主要是受电压跌落、暂时断电而影响正常运行。因此，除无功补偿和解决谐波问题之外，定制电力的发展主要是解决电压跌落、瞬时断电问题。

8.4.2　定制电力设备

目前典型定制电力设备包括 SSTS（固态断路器）、DSTATCOM（静止同步补偿器）、DVR（动态电压恢复器）、SVC（静止无功补偿器）、APF（有源滤波器）、UPQC（统一电能质量控制器）、ESS（储能系统）等。

固态断路器：基于 GTO 的一种能快速动作以切除电力系统故障的设备。同时也能配合其他电力电子器件以提高用户的电能质量，如消除故障过电流的发展。

静止同步补偿器：快速响应的固态电力控制器，能向配电线在连接处提供灵活的电压控制以改进电能质量；是一个交流同步电压源，通过一联络电抗和配电系统交换无功电力，其结果可通过 STATCOM 和配电线间的联络电抗来控制电流，以在变压器和用户处瞬时控制端电压和校正功率因数。

动态电压恢复器：用来补偿电压跌落、提高下游敏感负荷供电质量的有效串联补偿装置。

有源滤波器：与无源滤波器相比，APF 具有高度可控性和快速响应性，能补偿各次谐波，抑制闪变、补偿无功，有一机多能的特点，性价比较合理；滤波特性不受系统阻抗的影响，可消除与系统阻抗发生谐振的危险；具有自适应功能，可自动跟踪补偿变化的谐波。

故障限流器：利用电力电子技术，动作速度快、允许动作次数多、控制简便，能限制控制短路电流值，利用固态开关特性可在约一个工频周期时间内快速无弧切断短路电流；同时电流过零时自动关断，可避免或极大地减少断开短路而引起的暂态过电压。

超导储能系统：储能损耗低、储能密度大，适应于电力负荷峰谷调节，能迅速注入/吸收有功/无功或动态控制交流系统的潮流。

统一电能质量控制器是集串、并联型补偿装置的多重功能于一体的调节器，它是当前定制电力技术中新的研究热点，UPQC与统一潮流控制器（UPFC）具有相似的拓扑电路结构，其并联单元具有STATCOM、APF等功能，其串联单元具有DVR、动态不间断电源（UPS）等功能，其直流储能单元具有蓄电池能量存储系统（BESS）等功能，通过多目标协调控制实现电压调节（电压跌落、电压突升、电压畸变补偿等），有功、无功动态调节，有源滤波、平衡化补偿，动态不间断电源、储能、直流电源等综合功能。

8.4.3　快速断电技术

快速断电技术又叫超前切断技术，其特点是采用可靠的自动快速切断故障电流的措施使可能产生的电火花或电弧存在的时间小于点燃沼气、煤尘所需要的最短时间。

利用自动装置在电气故障发生后 5 ms 内切断电源，使故障电火花或电弧存在的时间小于点燃瓦斯煤尘所需要的最小时间，即保证在形成外露电火并引爆瓦斯、煤尘之前就切断电源的技术称为快速断电技术。

1. 快速断电概论

瓦斯爆炸的感应期：从爆炸性混合物接触点火源起，到转化为快速燃烧爆炸的时间间隔。

感应期的长短与爆炸物的种类、浓度和点火源的温度等因素有关。瓦斯爆炸的感应期在 10 ms 以上，煤尘爆炸的感应期一般为 40～250 ms。

2. 故障电火花形成时间

当电网发生电气故障时，从故障发生瞬时至形成外露电火花并进一步引爆周围爆炸性气体或引起电火灾的时间，称为故障电火花形成时间，简称故障形成时间。

3. 保护装置的全断电时间

指从供电系统发生电气故障的瞬时至保护装置切断电源所需的时间，称为保护装置的全断电时间。

4. 实现快速断电的技术途径

（1）利用电网载频保护实现短路故障快速检测。

载频保护的基本原理是由电感三点式自激振荡器产生 20～30 kHz 的高频检测信号，经阻容网络耦合到三相电网上，供电电缆未发生短路时，电网相间高频阻抗较高，振荡器作为高频信号电源因负荷较轻而正常工作，其输出的高频信号经 A/D 转换为直流电压较高，不会使鉴别电路翻转；当电缆发生短路时，电缆相间高频阻抗降低，振荡器因负荷过重而停振，使转换后的直流电压为零，从而鉴别电路翻转，该法能在 1 ms 内快速检测出短路故障信号。

（2）利用电流变化率实现短路快速检测。

用三个副边接成星形的电流互感器反映电网短路瞬间的电流变化率 di_k/dt，经三相全波整流、光电耦合器后在取样电阻上获得信号电压，再经电压比较器鉴别发出断电指令，经有关资料的计算论证，该法可保证取样时间<2.1 ms，而且取样时间<1 ms 的概率>0.8。

5. 快速断电在煤电钻综合装置中的应用

煤电钻是井下采掘工作的主要生产工具之一，由于启动频繁、工作环境恶劣并与操作人员直接接触，因而需要安全可靠的供电和保护系统。

任务检查

按表 8-4 对任务完成情况进行检查记录。

表 8-4　任务完成情况检查记录表

项目名称：　　　　　　　　　　　　工作组名称：

姓名	任务	存在问题	解决办法	任务完成情况	检查人签字	备注

任务完成时间：　　　　　　　　　　组长签字：

项目评价

参照表 8-5 进行本项目的评价与总结。

表 8-5　项目考核评价表

考评方式	项目实施过程考评（满分 100 分）		
	知识技能素质达标考评（30 分）	任务完成情况考评（50 分）	总体评估（20 分）
考评员	主讲教师	主讲教师	教师与组长
考评标准	根据学生实践表现，按学生考勤情况、项目拓展练习完成情况、课堂纪律表现等计分	根据学生的项目各任务完成效果，结合总结报告情况进行考评	根据项目实施过程中学生的积极性、参与度与团队协作沟通能力等综合评价
考评成绩			
教师评语			
备注			

拓展练习

1. 什么叫变电站综合自动化系统？变电站综合自动化的结构有哪些？
2. 什么叫智能开关？
3. 什么叫电力定制技术？
4. 什么叫快速断电技术？
5. 什么叫故障电火花形成时间？什么叫瓦斯爆炸的感应期？

参 考 文 献

［1］刘介才. 工厂供电［M］. 北京：机械工业出版社，2006.

［2］周乐挺. 工厂供配电技术［M］. 北京：高等教育出版社，2007.

［3］《电气工程师手册》第3版编辑委员会. 电气工程师手册，第3版［M］. 北京：机械工业出版社，2006.

［4］刘振亚. 特高压输电［M］. 北京：中国电力出版社，2007.

［5］尹克宁. 电力工程［M］. 北京：中国电力出版社，2008.

［6］鞠平. 电力工程［M］. 北京：机械工业出版社，2014.

［7］蒋治国，马爱芳. 供配电技术［M］. 武汉：华中科技大学出版社，2012.

［8］蒋庆斌. 供配电技术项目式教程（第2版）［M］. 北京：机械工业出版社，2019.